一天一D

維他命D幫你顧健康

醫學博士 江坤俊 著

目錄

願伴你走過健康的美好人生

想要寫一本書很久了，一方面是學有所成以來，一直想對這個社會有些貢獻；另一方面，也想為自己留下一些紀錄，畢竟踏上行醫這條路，一路走來並不容易，所有過往的經歷、認真研究的成果、對病患的心疼、他們勇於對抗疾病帶給我的感動，都應化為正面的紀錄，不應白白走過。

但是，值得寫的題材太多了，我一直猶豫不決。最後，決定寫我研究多年的維他命D。因為這幾年來我發現大家對維他命D的了解太少了，更糟糕的是大部分的人還理解錯誤，以為維他命D的功能只針對骨頭。這幾年我在基隆行醫的過程中，發現臺灣人缺乏維他命D的現象實在是太普遍了。如果大家能多了解一點維他命D，其實可以活得更健康。

一開始嘗試寫了幾篇，或許是習慣研究了，對自己要求很嚴格，寫了又改，改了又寫，最後通通刪掉，因為不知不覺就寫成論文的風格了。原先，我一心想著要提供新知給大家，後來才驚覺，知識的新舊要看目標讀者是誰，我頓時領悟自己之前的考慮和方向完全錯誤。

整個觀念大轉彎之後，寫書的壓力頓減，我想寫什麼就寫什麼，碰到專業的知識，我會假裝面前有位病人正在諮詢我的建

議，按照他的知識深度，用他能理解的話來回答。如果你有醫學背景，那不好意思，你可能會認為這本書的內容太淺顯了，因為這本書主要是寫給社會大眾看的。我不想書裡有太多的引經據典，我只想多讓大家知道一些案例。

透過這本書，我會告訴你維他命D到底是什麼，它會如何促進你的身體健康，而當你罹患疾病時，維他命D又會如何幫助你。但重點來了，維他命D不是神藥，你還是要接受正規治療，不要把維他命D神化了。

我希望大家都能看懂這本書，從中得到想要的知識，了解維他命D是怎樣和你我的生活息息相關。書裡還收錄一些我從醫以來的心情故事，以及我看到維他命D如何改善病人生命的實例。

你可以放鬆心情地閱讀這本書，當作傍晚和朋友去散個步，我們併肩走著，我在你身邊述說維他命D是什麼，還有我在醫院發生的點點滴滴……讓我透過這本書陪伴你走過健康的美好人生。

感謝父母大半輩子的栽培

　　時間實在過得很快，剛從波士頓回國時，我女兒還是幼稚園，現在已經上國中了。回國的這幾年，一直沒有忘掉在國外所學，持續認真投入更多維他命D相關研究。為了加強自己的研究能量，我還進修了醫學博士的課程，那時每週都要開車來回基隆、桃園四趟以上，個中辛苦真是不足為外人道，但值得驕傲的是，我只花了兩年就拿到醫學博士學位，創下了學校的紀錄。

　　人生真的是奇妙的旅程，很難預測將來會發生什麼事。剛升上主治醫師時，我只想做個單純的外科醫生，每天開刀就好，我可以賺錢養家糊口，又可以救人。對當時的我而言，基礎研究簡直是天方夜譚，連想都沒想過。

　　然而，老天爺的安排是逃不過的，我終究還是踏上了前往波士頓進修的路程。那天凌晨，我和太太搭著機場接送的廂型車，在大雨中前往機場，在車上腦子裡都是父母和我揮手的畫面……當時我心裡真的很不想去。

　　從臺灣飛到美國波士頓約莫要二十小時，漫長得可怕，因為我在飛機上很難睡著。當飛機飛到一半，燈都暗了，大部分的人都進入了夢鄉，只有少數人還在看電影，我努力閉上眼，離鄉的苦和對未來的擔憂卻讓我怎麼也沒法平靜下來。或許是太累了，

最後還是有了一點睡意，但突然照射進來的陽光一下又讓我清醒了過來，轉頭看向窗外，太陽高懸在雲海之上，原來飛機剛飛過國際換日線⋯⋯。

初到波士頓，迎接我的是漫天大雪和零下十幾度的低溫，我和太太每天頂著惡劣的氣候到處奔波，忙著安排日後在美國的食衣住行等問題，外面真的很冷很冷，我到現在都很懷疑自己是怎麼活過那段時間的。雖然剛開始看到雪時很興奮，但相信我，真的只有剛開始⋯⋯。

到美國一個月後，我太太先飛回臺灣，準備把女兒接過來，剛好遇到農曆新年，就順便留在臺灣過年。從出生到現在，那是我第一次沒有和父母一起過年，以前不管當醫生有多忙碌，我一定會排除萬難回家吃年夜飯。過年前幾天，我搭車經過波士頓的華人街，沿路掛滿紅色燈籠，街道上還有舞龍舞獅，我站在公車上，手拉著吊環，眼前的景色在我眼裡卻漸漸模糊了⋯⋯。

臺灣除夕夜的當晚，波士頓正是清晨，我一人在美國的住所，剛準備出門去實驗室，突然想和臺灣的家人打個招呼，於是打開電腦，用視訊和他們聯絡。當時他們正在吃年夜飯，我的小侄女看到我出現在螢幕上，非常好奇，一直用手去抓，卻怎麼也碰不到我，還以為我躲在筆電後面，馬上往後跑，就這樣探頭來回看，想找出來我到底躲在哪裡⋯⋯。此時身在美國的我，卻立

刻闔上筆電，頭也不回的出了家門，因為我的淚已經奪眶而出，但不能讓他們知道。

後來，女兒來了美國，語言不通和教育問題讓我頭疼了很久。和所有父母一樣，第一次送她去幼稚園之後，我在外面徘徊了很久很久，隔著窗看到她害怕的臉，我已經無法回憶當下的心情，我不知道我是怎麼忍住沒有衝進去抱住她的……。

我花了很多時間才適應美國的生活，而接觸未知的實驗室，更讓我在一開始吃盡苦頭。實驗室位於十樓，每天上午，我都會望向窗外，看著雪落在尖尖的屋頂上，心裡想的卻總是臺灣現在是什麼樣子，無法想像我和臺灣竟然相隔地球的兩端，得橫跨一個星球的距離，才能回家。

儘管在國外研究的日子十分辛苦，但我收穫豐富。實驗室的兩位指導教授，研究維他命Ｄ都已經數十年了，在學術界都有舉足輕重的地位，站在巨人的肩膀上，真的能看得更遠。在實驗室，每個禮拜都要開會，而我為了這場會議，每天都在努力的準備。為了讓老師們滿意，我付出的時間和精力連我自己都記不清了。但努力所留下的痕跡也是顯而易見的，在國外的學習，終於

讓我踏進了基礎研究的領域。

　　維他命D真的很奇妙，愈研究就愈覺得這是好東西，無法想像它竟然對人體有這麼多好處。這幾年，我漸漸把維他命D應用到病人身上，最終看到的效果讓我更想把維他命D介紹給大家。這可能是我對社會唯一的貢獻了吧，在美國嘗到的酸甜苦辣，也算有了一些代價，不是只留下回憶而已。

　　寫這本書，一方面是為了學以致用，希望大家更健康，另一方面則是為了我的父母。我還記得，有一天，我父母早上要到長庚醫院檢查，下午到門診看診。那天早上，我趕完手邊的工作後打電話給他們，發現他們比預定的時間早到，檢查已經做完了，於是兩老坐在檢查室前面的椅子上休息。我匆忙趕下去找他們，問怎麼不到我家裡去休息，畢竟我家就在對面。他們說，離下午門診時間只差兩個多小時，在這裡等就好。在我的堅持下，他們終於同意先到我家休息。一路上，我跟著他們，看他們牽著手走在前面。他們步伐很緩慢，滿頭白髮，我在後頭一直靜靜的看著，心想，原來幫我遮擋了半輩子風雨的父母都老了。突然心頭一熱，隨便找個診間，把手上的東西一丟，快步向前，牽起他們的手。他們為小孩努力了大半輩子的手很粗糙，但我牽著心裡是滿滿的感謝。因為有他們，我今天才能對社會有點貢獻，所以，

我想把這本書拿給我的父母看，告訴他們：「你們的兒子出書了，謝謝你們的愛護與栽培，這大半輩子辛苦了。」

第一章

原來，維他命 D 跟你想的不一樣

——9 種維他命 D 新觀念

觀念 1

原來，維他命 D 是一種荷爾蒙

生命的能量多來自陽光

大家都知道陽光是生命三要素之一，早在生命初始之際，陽光就是我們在地球上生存的基本條件。不僅植物透過光合作用獲得生長所需的物質，動物也從陽光中得到極大的好處，當陽光的能量進入體內，就會與各種細胞相互作用並產生反應，協助身體合成營養物質，排出各種廢物與毒素。

其中一個很重要的營養素就是維他命 D，它是上天賜給人類的「天然營養素」。數十年來，我們常聽到要多晒太陽才不會骨質疏鬆，大家對維他命 D 耳熟能詳，知道維他命 D 和骨骼健康息息相關，一聽到維他命 D 就會直接想

到這是「保骨本」的營養素。但事實上，從功能來看，維他命 D 更接近荷爾蒙（不是女性荷爾蒙），而非維他命。

維他命的命名是按照發現的先後順序，最早發現的是維他命 A，依序是 B、C……以此類推，D 是第四種被發現的維他命。當初是這樣定義維他命的：「維他命是一種人體需求少量的營養素，而且不能被人體自行合成，需要從食物中補充。」

而且，早期科學家只發現維他命 D 和佝僂症之間的關聯，這種病是一種骨頭疾病，並和鈣離子息息相關。所以，當時科學家以為維他命 D 僅負責調節人體鈣離子的濃度，只作用在小腸、腎、骨頭等和鈣離子吸收及代謝有關的器官而已。

但是，就我們現在對維他命 D 的瞭解，它主要是經由陽光照射皮膚而由人體自行產生，因為人體可以自行合成，所以維他命 D 不是維他命（不合乎維他命的定義）。而且它的功能非常多，和荷爾蒙比較相似，「顧骨頭」只是其中一小部分。舉例來說，維他命 D 可以調節過高或過低的免疫力，減少過敏與感染的機率。此外，維他命 D 還可以幫助調節血糖和血壓……諸如此類的例子，不勝枚舉。

現代人普遍缺乏維他命 D

外國人崇尚小麥色肌膚，還會特地去海灘晒日光浴。東方人卻追求皮膚白皙，尤其是女性，在防晒上做足了功夫。而且，臺灣人大都在室內工作，即使出門，也會擦防晒油、撐陽傘。可是，這麼做其實等於把自己隔絕在維他命 D 之外。因此，在臺灣，維他命 D 缺乏真的是很普遍的現象。

根據世界衛生組織的估計，全球約有十億人缺乏維他命 D。而在臺灣衛生署 2005 年至 2008 年國民營養健康狀況的調查中，近六成以上的成年人都有維他命 D 缺乏的現象，而高達七成是女性。

然而，缺乏維他命 D 的原因很多，不是只有防晒問題而已，像空氣汙染與霾害（PM 2.5）的影響、老化、肥胖、膚色暗沉、疾病、使用藥物等，都會影響維他命 D 的濃度。

事實上，維他命 D 是具有多重功用的荷爾蒙，後來的研究更證明全身幾乎都有「維他命 D 的接受體」。也就是說，維他命 D 幾乎可以作用在人體的每一個器官，包括骨

骼、心、腦、肝、腎、肺、胃、腸等等。所以，維他命D
對健康的重要性被認為是全面性且不可或缺的，只要攝取
充足的維他命D，對許多疾病就可能會有預防效果，例如
癌症、心臟疾病和糖尿病。維他命D不僅有益健康，還可
以加強很多疾病的治療效果。

因此，我希望大家有機會要多出去走走，把握與自然
接觸的機會，晒晒太陽，在陽光的照拂下，享受大自然贈
送的珍貴營養素，因為維他命D不只是維他命，它帶給身
體的好處超乎你的想像。就算你現在身上最不舒服的毛病
看似與維他命D無關，你還是需要這種營養素，因為它對
身體具有全面性的作用。

不過，請切記維他命D不是萬能丹，別以為生病時光
攝取維他命D就會痊癒，不用接受治療。

如果出現這六種徵兆，很可能代表你缺乏維他命 D

- 膚色暗沉
- 睡眠狀況差、失眠
- 肥胖（多囊性卵巢症候群）
- 心情易憂鬱
- 頭部盜汗
- 容易疲勞、痠痛

原來，白晒太陽了？
晒對才有維他命 D

　　的確，一般人主要獲得維他命 D 的途徑就是晒太陽，但不是說早上起來在太陽下露個臉、下午去外面散散步就好了，必須要曝晒在波長 290nm～315nm 之間的陽光下（這裡指的是 UVB），皮膚才能將陽光轉換成維他命 D，這通常是晒正午的陽光才有辦法吸收到的波長。

　　一般來說，只要每天晒十到十五分鐘，就可以補充一定份量的維他命 D。可是，晒三十分鐘轉換的維他命 D 濃度，不會比晒十五分鐘多更多。因為一旦晒超過十五分鐘，陽光就會破壞皮下轉換好的維他命 D。所以每天晒十到十五分鐘即可，多晒是無益的。不過，實際晒多久，要看你所在地區的緯度和空氣品質而定。

晒太陽補充維他命 D？千萬要注意

在臺灣，尤其是中南部，幾乎有半年以上的時間，中午的紫外線都達到過量級或危險級。你的皮膚只要沒有做好防晒，直接在大太陽底下晒超過二十分鐘就很容易晒傷，也會很快衰老，長期這樣做，還會增加皮膚癌的風險。

那麼，像臺灣日晒這麼充足的地方，我們還需要為了合成維他命 D 而特地去晒太陽嗎？其實，我覺得凡事過猶不及，不要防晒過了頭，反而沒吸收到太陽賜予的寶貴營養素；但也不要晒過頭，傷到皮膚，加速皮膚老化的速度。

另外，我要跟各位強調，每天晒十五分鐘太陽，人體內的維他命 D 大概只足夠保骨本而已。根據這幾年的研究顯示，如果想達到抗癌的濃度，光晒陽光是不夠的。因為不管再怎麼晒，體內維他命 D 的濃度到了一定程度就上不去了，所以多晒真的無益，還是得靠口服的維他命 D 來補充，才能充分發揮維他命 D 的功用。

為何不容易透過日晒獲得足夠的維他命D？

■ 關鍵在於「角度」

因為地球的赤道跟太陽的黃道並未重合，之間有大約23.4°的夾角，所以太陽照射到地球表面的陽光角度就會不同。日照角度比較低的時候，陽光穿過大氣層的路徑比較長，能夠產生維他命D的紫外線UVB被隔絕掉許多（特別是有效波長290～315段無法順利抵達地球），自然效果不彰。因此，早上和下午晒太陽，生成維他命D的效率都不好，要中午才可以。

■ 不要忽視空汙的影響

近年由於大氣層遭到汙染的程度日益嚴重，空氣中懸浮粒子超出想像的複雜。這種情況不只損害呼吸系統，連帶也嚴重阻斷了重要的UVB光線，造成皮膚很難吸收有效的UVB，再轉化成維他命D。

■ 有效吸收時間為 15 分鐘

經常有人問我，如果他不怕晒黑，拚命晒四個小時以上，是不是就不會缺乏維他命 D？很抱歉，這個答案也是否定的。因為從我們的研究發現，就算是正午，你晒的是 UVB 波長最足夠的陽光，只要曝晒超過 15 分鐘之後，陽光就會把皮膚底下已生成的維他命 D 轉化成其他的物質，然後代謝掉。所以，並不是陽光晒愈久，生成的維他命 D 就愈多（和「活愈久、領愈多」的保險觀念不一樣）。我們晒太陽的時間剛剛好即可，多晒無益（再說一次，因為很重要）。

北歐由於日照角度的關係，每到冬季，人體幾乎無法以自然的方式獲得維他命 D。因此，瑞典食品管理局直接建議，孩童及成人每日補充 10 微克（約 400 IU）的維他命 D，超過 75 歲的老人則增加為 800 IU。

而英國長年陰溼多霧，當地政府更透過獨立營養科學指導委員會建議民眾，秋冬兩季應直接補充 10 毫克（約 4 萬 IU）的維他命 D。

陽光中的紫外線可分為三種

1.紫外線A（UVA）：占紫外線的95％，波長最長，約320～400 nm。紫外線A可以進入人體的真皮層，造成晒黑、晒傷、失去膠原蛋白、產生皺紋，影響免疫系統及黑色素細胞，而且可能是黑色素瘤形成的原因。

2.紫外線B（UVB）：波長約280～320 nm，只有不到2％可到達地球表面。紫外線B則會在人體表皮層被DNA和蛋白質吸收，造成晒傷、脫皮、晒黑。但紫外線B與皮膚合成維他命D有關；皮膚吸收紫外線B之後，可將維他命D前驅物轉換成維他命D，經血液運送到肝臟和腎臟進一步被活化，發揮生理作用。

3.紫外線C（UVC）：波長100～280 nm，大部分被高層的臭氧吸收。如果人接受長期或高強度的紫外線C照射，就會引起皮膚癌，一般常見於生物實驗室或餐廳廚房用的紫外線殺菌箱中。

說到防晒措施，除了使用衣物遮蔽之外，市面上的防晒產品更是五花八門。當大家選購防晒產品時，可注意防晒產品所標示的「PA++」和「SPF40」等指標，這代表該

產品對抗紫外線 α 波（波長較長，能到達皮膚深處，主要是紫外線 A）和 β 波（波長較短但能量強，主要是紫外線 B）的效果。因此，接在 PA 後面的＋愈多、SPF 後面的數字愈大，即代表對抗紫外線的效果愈好。如果在太陽光底下曝晒太久，則需要每隔兩至三小時補擦一次防晒劑，才能盡量遠離過量的紫外線，避免肌膚細胞受到嚴重破壞、加速肌膚老化或增加皮膚癌生成的風險。

如何聰明晒太陽，避免皮膚癌？

當我們接受日晒時，可加強體內的維他命 D 生成，有益身體健康，免受許多疾病侵擾。但是，很多人不免擔心，晒太陽會不會提高皮膚癌的患病機率，因而心中有所顧慮。

我必須再次強調，凡事過量都不好，當然晒太陽也是如此。雖然透過日晒來獲得人體所需的維他命 D，是最自然、也最不用花錢的方式，但前提是你得聰明選擇日晒的方式，不能讓自己晒傷。即使你晒到皮膚發紅、晒傷、脫皮……也不代表你吸收到足夠的維他命 D。

臺灣人喜歡膚色白皙，認定一白遮三醜，怕晒黑了不好看。外國人則把「晒黑」當作健康的膚色。但事實上，古銅色不是健康的標誌，而是皮膚有可能遭到灼傷破壞的證據。在太陽下過度曝晒，會大大增加患皮膚癌的危險，反而得不償失。

國際間也日益重視皮膚病變的問題，鄰近的國家如日本，即針對國內場所進行調查，發現自 1987 年以來，十四年間屬皮膚癌的「基底細胞癌」已增加五成比例，也是最多人罹患的皮膚癌。而英國皮膚協會（British Skin Foundation）的數據也顯示，英國人得到皮膚癌的案例逐年增加。因此，防晒之所以重要，是著重於預防紫外線導致的皮膚病變，「不要過度暴露在紫外線下」是你我保護皮膚不受過度日晒產生病變的重要觀念。

防晒品怎麼擦才正確？

- 如果你一晒太陽就容易長溼疹，疑似對紫外線過敏，最好先去請教專業的皮膚科醫師，了解自己適不適合直接晒太陽，還是應該避開紫外線的照射。

- 防晒成分含有紫外線散亂劑（物理性）及紫外線吸收劑（化學性）時，要注意吸收劑可能引發肌膚發炎，敏感性肌膚的人較不建議使用含有吸收劑的防晒產品。

- 在選購防晒產品時，要注意包裝上的說明，不要買到只防紫外線 B、卻讓紫外線 A 通行無阻的產品，那樣的話，不但沒有降低得到皮膚癌的機率，還會害我們的皮膚無法合成維他命 D。

　　大家都知道維他命 D 是脂溶性維他命，屬於固醇類，我們前面也提到維他命 D 其實比較像是荷爾蒙。維他命 D 又分為 D_1、D_2、D_3、D_4、D_5 等等，但以維他命 D_2 及 D_3 較重要（其中 D_2 來自植物，D_3 來自動物）。人體在皮膚下合成的是「非活性」的維他命 D，要到肝和腎，經過另外兩個步驟轉換，才會變成活性的維他命 D。而平常如果沒有特別說明，我口中的「維他命 D」指的就是「非活性」的維他命 D_3。

　　至於非活性維他命 D 和活性維他命 D 怎麼吃？這個問題我大概被問過一千次，趁此機會說明一下。當我們吃活性的維他命 D 時，活性維他命 D 會直接進入血液，影響血液中的鈣離子濃度。所以，如果直接吃活性的維他命 D，

一不小心就會產生高血鈣的問題。而當我們吃非活性的維他命D時，維他命D會在細胞內轉成活性，發揮抑制癌細胞的作用。由於它不會進入血液，基本上不會影響到血液中活性維他命D和鈣離子的濃度，所以沒有危險性。

活性與非活性的差異

當我們攝取維他命D之後，肝臟會先將維他命D轉化成25（OH）D，醫院檢測的血中維他命D就是指這個，我平常說的「維他命D夠不夠」也是在說這個。接著，25（OH）D會到腎臟，轉化成1,25（OH）D，這就是所謂的「活性維他命D」。這種活性維他命D會存在你的血液中，負責調節鈣離子的吸收和骨頭的密度。

以前認為只有腎臟能夠把25（OH）D轉成1,25（OH）D，現在發現很多細胞組織都有能力做這件事。但有一件很重要的發現，那就是只有腎臟合成的1,25（OH）D才會釋放到血液中，其他細胞組織只會自己合成，自己使用，不會釋放到血液中。因為我們的身體會嚴格控制血液中的鈣離子濃度，因此血液中的1,25（OH）D濃度不會有太大

的變動。只有在缺少大量 25（OH）D 時，才會導致腎臟轉化的 1,25（OH）D 不夠用，沒有充足的活性維他命 D 在血液中調節鈣離子的代謝，造成骨質密度下降。

　　活性與非活性的維他命 D 解釋起來會洋洋灑灑一大篇，為避免讀者頭暈，我舉一個簡單的例子，大家一看就懂了。

　　吃活性維他命 D，比較像是肚子餓的人去吃滿漢大餐。雖然一口氣硬是吃進 20 道大菜，吃到了所需的營養，但是身體進食過多，無法消化，造成嚴重負擔，甚至撐死（活性維他命 D 吃太多會產生高血鈣的問題，是會致死的）。

　　而吃非活性的維他命 D，則比較像是讓需要補充營養的人去吃自助餐。這時候身體的每個細胞就像是每個肚子餓的人，會自行挑選自己所需的營養，補充到足夠的量即可。所以，透過這個過程，肝臟會將非活性維他命 D 先轉化成 25（OH）D（此階段仍為非活性），然後再由身體細胞自行攝入所需的非活性維他命 D，轉成活性維他命 D，發揮活性維他命 D 對細胞的功用，等作用完成後，細胞會把作用完的活性維他命 D 代謝掉，此時被代謝的維他命 D

是水溶性的，可以隨著尿液或汗水排掉，不會造成身體負擔，也不太可能會有中毒的問題（補充說明：維他命 D 吃進去的時候是脂溶性，代謝後排出來的時候是水溶性）。

什麼人需要補充活性維他命 D？

大多數人都應該補充非活性維他命 D，只有洗腎病人例外，必須補充活性維他命 D 和非活性維他命 D。因為他們的腎臟已經無法把 25（OH）D 轉化成 1,25（OH）D，所以不管怎麼補充維他命 D，也只能增加肝臟中的 25（OH）D，卻沒辦法提高血液中的 1,25（OH）D 濃度。因此，洗腎病人要同時補充活性和非活性的維他命 D，前者是為了提高血液中的鈣濃度，後者是為了增加細胞中的 1,25（OH）D 濃度。

結論就是大家都要補充維他命 D，先增加血液中的 25（OH）D 濃度，經過轉化才能提高細胞內的 1,25（OH）D 濃度，藉此達到維他命 D 保護人體的功用。

如何辨識活性與非活性維他命 D 的標示？

　　買維他命Ｄ的朋友請不要選購活性維他命Ｄ，因為過多活性維他命Ｄ的確會造成高血鈣的問題，吃多了真的會出事。但是，非活性的維他命Ｄ則沒有這個問題。如果你實在搞不清楚，建議你用一個簡單的方法辨識：

- 活性維他命Ｄ的單位會寫 ug→不要買。
- 非活性維他命Ｄ的單位會寫 IU→可以買。

原來，D₃ 不是素食的，素食者該如何補充？

維他命 D 分成下列兩種：

1. 維他命 D_2：大多從植物中攝取，活性可能較低（請注意，我是講可能，有人認為差不多），又名「鈣化醇」（Calciferol）。

2. 維他命 D_3：大多從動物中攝取，少數植物也有，又名「膽鈣化醇」（Cholecalciferol）。

這兩者的效用還是有差別的，D_3 的作用比 D_2 稍微強一點（大多數人這樣認為），但很多素食主義者不想補充 D_3，那麼補充 D_2 也可以。波士頓大學醫學中心的麥克・哈立克（Michael F. Holick）博士曾經在 2008 年做過一項研究，他找來一批健康的年輕人和中年人，讓他們服用 1000 IU 的維他命 D_2，和另外一批服用 1000 IU 維他命 D_3

相較之下，發現兩組人血液中 25（OH）D 濃度提高的程度都一樣，所以，實際上差別不大。

　　之前有研究發現，動物性來源的 D$_3$，比植物性來源的 D$_2$，能增加比較多的維他命 D 濃度，而且人體比較能吸收利用維他命 D$_3$，勝過維他命 D$_2$，所以才會有人建議主要攝取維他命 D$_3$，但素食者介意動物來源的維他命 D$_3$，堅持補充維他命 D$_2$，也不會有明顯壞處。我們的目標是提高血液中整體的 25（OH）D 濃度，理論上補充 D$_2$ 或 D$_3$ 都可以。

觀念 5

原來，從維他命 D 的濃度可預見癌症發生率？

　　很多病人問我：「江醫師，是不是只要補充維他命 D，提高體內維他命 D 的濃度，便不會得癌症了，而且就算已經得了癌症，是不是就可以改善了？」這意思好像是說，只要多補充維他命 D，就可以減少癌症的發生。

　　事實上，這句話有八成是對的。我一直不斷強調一件事，維他命 D 是你本來就應該補充的營養素，只不過，引發癌症的因素很多，儘管補充維他命 D 可以降低很多癌症的發生率，但絕不是全部癌症都適用。此外，即使發生率降低，也不代表一定不會得癌症。萬一你不幸罹癌，還是必須接受正規治療，不能單靠維他命 D。

　　很多研究顯示，維他命 D 可以造成癌細胞凋亡，抑制癌細胞增生及轉移，同時減少癌細胞血管新生。因此，從

學理上來說，體內維他命 D 含量足夠的人，自然比較不容易罹患癌症，或罹癌後的存活率會比較高。

近十幾年來，癌症發生率愈來愈高，探討維他命 D 與癌症的研究也日新月異。我們發現很多癌症的發生率跟血液中維他命 D 的濃度成反比，也就是說，當血液中的維他命 D 濃度愈低時，某些癌症的發生率就會特別高。而且，在罹患癌症的族群裡，若患者的維他命 D 濃度愈低，預後也會比較差，特別是大腸癌、乳癌、前列腺癌最明顯，現在很多流行病學研究也支持這個理論了。

根據《臺灣醫界》雜誌的報導（第 59 卷第 2 期），多年來已有許多專家學者針對維他命 D 與癌症進行觀察性研究，而 2014 年喬杜里（Chowdhury R.）、克努瑟（Kunutsor S.）等人於《英國醫學期刊》（*BMJ*）發表的綜合分析指出，在追蹤 846,412 名受試者之後，顯示如果血中維他命 D 濃度長期不足，罹患乳癌、大腸直腸癌、攝護腺癌等癌症的機率會增加 48％至 84％。此外，維他命 D 可以緩解發炎反應，促進癌細胞死亡，減少癌細胞增生。

我做過很多活性維他命 D 的研究，發現活性維他命 D 可以抑制很多癌細胞的生長和轉移；也有相關研究發現，

只要血中 25（OH）D 濃度提高 10 ng/ml，所有癌症發生率和死亡率就會分別降低 17％ 和 29％（不過，這只是單一研究的發現，不能應用在所有案例裡）。

為了證實這件事，我在長庚醫院曾經進行了長達 34 週的動物實驗，在細胞和動物身上使用非活性的維他命 D 來治療肝癌和膽道癌，結果發現在細胞和動物身上都非常有效。但我必須告訴你，這類研究很難做，因為即使給相同的人吃一樣的維他命 D，由於每個人的吸收和代謝相差很大，所以血中維他命 D 濃度會差很多。這樣一來，參加實驗的人就必須一直抽血，而且檢測的時間要拉很長，因為時間夠長，血液中有足夠的維他命 D，維他命 D 才有機會保護到你。你不可能期待血中維他命 D 只提高一年，癌症發生率就會下降。所以，我們只能推論，若長期保持血中維他命 D 高濃度，你得癌症的機率就會下降。

事實上，維他命 D 究竟能不能治療或預防癌症？儘管現在醫界還沒有絕對的定論，但大部分偏向於有效。我只能告訴你，維他命 D 是我們必須攝取的營養素，沒有它自然會生病，就是因為大多數人太過缺乏這種營養素，所以一旦補充維他命 D，身體健康自然就會大幅改善。

維他命D還有一個很重要的功能：降低人體的發炎反應，而慢性發炎本來就是造成癌症的重要原因之一。因此，補充維他命D會降低癌症的發生率，這個論點背後有很強的理論基礎。目前大部分研究都發現，維他命D可以降低乳腺癌、肺癌、攝護腺癌、皮膚癌、大腸直腸癌等癌症的發生率。

觀念6

原來，肝腎功能不好的人，有沒有維他命D差很大

我在前面的觀念3已經提過，維他命D進入身體之後，就會立刻被送到肝臟去，肝細胞將維他命D做第一次的轉換，變成非活性的25（OH）D，然後透過血液循環，在血液中執行任務——給需要的細胞組織使用，或細胞自行將25（OH）D轉換成1,25（OH）D給自己用，有一些25（OH）D會經血液循環去到腎臟，在那裡改變結構，成為活性的1,25（OH）D，再釋放到血液中。

於是，很多人就會問：「那我肝腎不好可以吃維他命D嗎？會不會代謝不了脂溶性維他命？」答案是不會，維他命D代謝後是水溶性的，補充維他命D對肝腎功能不會造成大傷害（小傷害其實也沒看到過）。

慢性腎衰竭、肝衰竭、營養不良引起的維他命D缺

乏，會造成骨質疏鬆和骨折。所以肝腎不好的人反而更要吃，尤其是肝硬化的患者，他們的肝臟受損已經非常嚴重，很難把維他命D轉化成足夠的25（OH）D，讓身體使用，所以需要補充更多維他命D。而腎衰竭的病人，如前所述，活性和非活性的維他命D都要補充。

事實上，肝硬化患者常常嚴重缺乏維他命D，偏偏維他命D可以抗發炎，放慢肝硬化的速度。此外，腎不好的人，體內活化的維他命D大約只剩一半，會導致磷滯留在身體內、活性維他命D不足和低血鈣等問題。為了提升血中鈣濃度，副甲狀腺會受到刺激而造成過度活化，導致高血磷、高血鈣、繼發性副甲狀腺機能亢進，產生鈣磷代謝異常。

想活化維他命D要靠健康的肝臟和腎臟，除了肝腎不好的人，老人家也要注意。因為老化，老人家對日照的敏感度降低，而且，老人家都不太出門，從陽光中生成的維他命D會減少，再加上腎功能也會開始衰退，所以維他命D轉化效率會變很低，因此老人家更需要補充維他命D，不然要小心罹患骨折和失智症。

這些理論看起來很複雜，不妨看看就好，重要的是記得結論：肝腎不好的人，更應該要補充維他命Ｄ。

肝硬化的原因

肝臟會硬化的原因有很多，有一句話說得很好：「肝若不好，人生是黑白的。」若你有以下這些可能造成肝不好的毛病，更要注意你的維他命Ｄ是不是補充夠了。

- B型、C型病毒性肝炎　　　　　　　　酒精性肝病
- 藥物性肝硬化　　　　　　　　　　　原發性膽汁性肝硬化
- 肝臟代謝異常（銅鐵沉積）

原來，結石患者可以補充維他命 D

　　維他命 D 會不會導致結石增加呢？有結石病史的人可不可以補充維他命 D？你真的瞭解嗎？很多病人都很怕補充了會讓結石更嚴重，事實上，腎結石患者可以補充維他命 D，但不要特別補充那麼多鈣就好！

　　我在這裡簡單說明一下，維他命 D 有助於人體吸收鈣質。一般來說，如果腎臟很健康，大部分的鈣質經過腎臟時，我們的身體就會把這些鈣吸收到血液中，不輕易讓鈣質隨著尿液流失掉。萬一病人患有腎結石，同時又缺乏維他命 D，對於鈣質的吸收就會變差，體內的鈣和磷容易大量隨著尿液流失，反而可能增加結石的風險。因此，當我們體內有充足的維他命 D 時，就能加強鈣質的吸收，又能降低尿液中的鈣。

　　現在大部分觀察性研究並沒有發現，補充高單位維他命 D 會增加腎結石的風險。此外，缺乏維他命 D 的腎結石患者，補充維他命 D 並不會增加尿液鈣排泄，自然也不會增加結石風險。

　　所以，按照目前的證據來看，患有結石的人可以補充維他命 D。

觀念 8

原來，維他命 D
吃多了會中毒？

很多人都說維他命 D 是脂溶性，吃多了會中毒，理論上好像都對，但請放心，事實上並不會，除非你故意要中毒，大量攝取維他命 D，一天可能要 4 萬 IU 以上，連吃半年才有機會。

此外，維他命 D 代謝後就變水溶性，身體用不到的多餘維他命 D 會隨著尿液排掉，所以要中毒真的很難。除非你很想出名，成為臺灣第一個維他命 D 中毒的人，長時間每天刻意攝取極大量的維他命 D，才可能維他命 D 中毒。

根據《臺灣醫學》雜誌報導，有一項研究追蹤 12 名多發性硬化症病人，逐漸提高他們攝取的維他命 D 劑量，從每週 28,000 單位增加到 280,000 單位，結果完全沒有出現中毒現象。一旦維他命 D 中毒，就會有血鈣或尿鈣太高

的問題，從外表看就是脫水乾乾的樣子，還會感到噁心、嘔吐、食欲不振、便祕、頻尿、異常口渴等等。

綜合多篇關於維他命 D 的研究結果，我們可以得知，在每日 30,000 單位（血中濃度 200 ng/ml）以下，未發生任何中毒現象。根據最新 2017 年的研究，發現就算達到 300 ng/ml 也不會中毒。除非你每天吃超過 4 萬 IU 以上，才有點機會中毒。但是，醫生絕不會建議你吃這麼多，所以要中毒真的很難。

觀念 9

原來，這些疾病都跟維他命 D 有關係

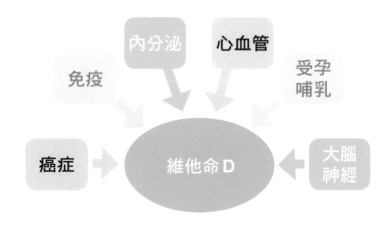

　　我在基隆長庚醫院看診時，發現基隆因為長期陰雨綿綿，陽光照射普遍不足，大部分的人都處於維他命 D 缺乏的狀態。所以我和長庚醫院新陳代謝科郭昇峰醫師曾做過

一項糖尿病患者血中維他命 D 濃度的研究，發現基隆地區的病人血中的維他命 D 濃度普遍偏低，也發現糖尿病患者若血中維他命 D 的濃度高，就會有比較好的血糖及血壓控制。

另外，基隆地區因為空氣品質不佳，所以很多小朋友和大人都有過敏的毛病。長庚醫院小兒科邱志勇醫師的研究也發現，媽媽血中維他命 D 的濃度愈高，生下來的小朋友愈不容易有過敏的問題。國外也有研究證實，維他命 D 和小朋友的過敏疾病息息相關，血中維他命 D 濃度高的小朋友，發生過敏的機率和嚴重度會大幅下降。

我在前面說過，維他命 D 幾乎可以作用在人體的每一個器官。維他命 D 的功用實在太多了，幾乎每個細胞都有維他命 D 的接收器，所以維他命 D 幾乎可以影響到每個細胞。很多身體功能的運作都和維他命 D 息息相關，舉凡癌症、心臟病、糖尿病、憂鬱症、免疫疾病都可以發現維他命 D 的身影。

我們就列幾個疾病來看看：

■癌症：

　　一直以來，大家最常問我的問題就是維他命 D 和癌症的關係。近十幾年來，癌症的發生率愈來愈高，而維他命 D 跟癌症的研究也日新月異。

　　我們發現當血液中的維他命 D 濃度愈低時，某些癌症的發生率就會特別高。此外，早就有研究證實，維他命 D 會加強很多化療藥物的效果，同時還可能降低一些化療藥物的副作用。因此，維他命 D 對癌症病人的重要性是不言而喻。在本書第三章，我將另闢專章，探討維他命 D 對癌症的影響。

　　希望大家能參考美國國家醫學院（Institute of Medicine, IOM）的建議，充分利用維他命 D 來照顧自己：年滿 1 歲就開始每天補充 600 單位的維他命 D，70 歲以上則每天補充 800 單位的維他命 D（我自己每天吃 2000 單位）。

■內分泌問題：

　　說到內分泌的疾病，最普遍的麻煩就是糖尿病。根據 2017 年的研究發現，國人罹患糖尿病的人數已經高達 200

萬人以上，是總人口的11％，而這個數據絲毫沒有下降的趨勢。好在目前多篇國內外的研究報告都說明，補充適當的維他命D有機會降低胰島素阻抗，適度增進胰島素敏感度，因此有很多的研究都發現，糖尿病患者血中維他命D濃度愈高，產生併發症的機會就愈低，死亡率也會下降。

■ 免疫系統：

維他命D可以改善你的免疫力，這和「增強」的意思不太一樣。免疫力過高或過低都不好，適中最好。

很多過敏的人就是免疫力太強，他們的病情在補充維他命D之後得到改善，因為維他命D可以「調節」過強的免疫力。至於一些免疫力過低的人，如果感染疾病，維他命D可以幫助他們的免疫系統殺菌，現在臨床上已經有醫生幫敗血症的病人補充維他命D來增加治療成功率了。

而生活在空氣品質不佳的地方，也會造成很多小朋友、大人都有過敏的毛病。經過證實，維他命D和小朋友的過敏疾病息息相關，體內維他命D含量高的小朋友，過敏發生的機率和嚴重度會大幅下降。

■ 慢性疼痛：

　　已經有很多大型研究報告指出，長期缺乏維他命 D 容易引起各種慢性疼痛，例如更年期頭痛、肢體疼痛、下背痛等等。如果有些病人經過很多門診檢查，始終找不到疼痛的原因，建議檢查一下自己的維他命 D 濃度，看看是否過低。

■ 大腦神經：

　　針對這一項，我想提醒家族中有類似遺傳失智的中老年人特別注意一下。正確補充適當的維他命 D，的確可以減少情緒問題及失智症的發生。而且，已經有不少文獻證明，缺少維他命 D 的人罹患帕金森氏症的機率甚至比一般人高出三倍。

發現維他命 D 的小故事

18 到 20 世紀初期，歐洲有很多小孩骨骼發育不良，紛紛出現彎腰駝背的症狀，稱之為「佝僂症」。

1822 年，波蘭華沙有一位醫師觀察到農村裡的兒童鮮少罹患佝僂症。因為當時工業革命正興起，空氣汙染非常嚴重，許多人從農村搬到城市。結果發現，都市兒童罹患佝僂症的比例，高出鄉村兒童很多。於是，科學家開始懷疑此病和日晒可能有關。這位醫生發現，讓住在城市的佝僂症病患晒太陽就可以痊癒。同一時期，有些醫生也發現服用魚肝油治療佝僂症好像很有效果，但當時醫學不發達，還無法瞭解維他命 D 與飲食、陽光的關聯性，也還不知道有維他命 D 的存在。

其實早在 1919 年，就有一隻小狗為人類醫學獻身了（因為無法用人體研究，只好抓小狗來研究）。當時，英國愛德華‧梅蘭比（Edward Mellanby）醫師以動物試驗，研究佝僂病的病因。在研究過程中，只讓小狗吃低脂牛奶和麵包，並且關在室內，不讓小狗接觸陽光，後來小狗果然出現了佝僂症的症狀。

梅蘭比醫師試了很多種營養素，皆無成效，最後他餵小狗吃魚肝油，佝僂症就痊癒了。但是，他不確定是不是魚肝油所含的維他命 A 或其他物質對佝僂症產生了療效。於是，當時他發表論文，指出佝僂症可能因為缺乏維他命 A 與其他物質而引起。但同期也有科學家發現，只要把小狗抓去多照

點太陽，佝僂症就可以不藥而癒。所以，他們還是沒有搞清楚到底發生了什麼事。

直到1922年，美國生化學家埃爾默．維納．麥科勒姆（Elmer Verner McCollum）發現魚肝油含有一種物質（不是維他命A），可以治療佝僂症，他把這物質命名為「維他命D」。

1924年，埃爾默．維納．麥科勒姆的學生哈利．史丁博克（Harry Steenbock）做了一系列的老鼠實驗。研究過程中，他在罹患佝僂症的老鼠身上分別使用兩種療法，一是以紫外線照射老鼠皮膚，另一種則是餵老鼠吃魚肝油，結果發現兩種方法皆可獲得同樣療效。而且，史丁博克更發現，只要用紫外線照射老鼠的飼料，老鼠就不會得佝僂病。也就是說，食物和皮膚經過紫外線照射，就會產生一種可以治療佝僂症的物質，亦即「維他命D」。

經過這一系列偉人的研究，終於發現陽光可以幫助人體轉化維他命D，因此，不論是吃下含有維他命D的食物，還是接受日光照射，都可以治療佝僂症。

現在說起維他命D好像很輕鬆，但我們對維他命D的了解能達到現在這個地步，其實經過很多前人的努力。醫學的進步來自很多人的犧牲奉獻，而我的功能也只是把眾多前輩的心血傳達出去，讓更多人知道。

第二章

缺乏維他命 D，
你會得到這些病

半夜抽筋、肌肉痠痛原來是維他命 D 不足

維他命 D 也會影響心血管

糖尿病患者需要更多維他命 D

睡不著覺，原來是缺維他命 D

缺少維他命 D 會提早失智

懷孕、不孕與維他命 D

缺乏維他命 D，你的免疫系統會叛變

半夜抽筋、肌肉痠痛
原來是維他命 D 不足

找不出原因的腰痠背痛

有時候是不是總會覺得腰痠背痛或身體哪裡不對勁，卻又找不到原因？其實，有很大一部分是和身體慢性發炎有關係。

急性發炎的表現方式會比較直接，通常你可以直接透過紅腫熱痛的現象，觀察到身體哪裡發炎、不舒服了。但慢性發炎更像是悶燒鍋原理，在身體這個爐子裡默默地持續悶燒，直到一個階段後才會出現比較明顯的不適感。

可是，現代人往往不願意為了小病小痛而花時間請假上醫院，所以，當身體發出原因不明的疼痛警訊時，都會習慣先隨手購買止痛藥來「處理」這樣的身體發炎現象。

一開始也許會因為藥效而將不適感壓下去，你不再感到疼痛，誤以為痊癒了，漸漸地，很多人就很容易開始依賴這些止痛藥來抑制不適感。然而，你並未察覺到自己的身體原來還是處於發炎狀態，疾病依然在你的體內持續累積。久而久之，這樣不斷復發的慢性病，就會變成病患口中習慣成自然的「老毛病」。

　　有一位中年婦女，年約 50 歲，因為吃止痛藥吃到胃潰瘍而來找我治療。我記得當時那位病人走進診間時，神情非常焦慮，還沒坐下就迫不急待的說：「江醫師，我的胃還是很不舒服，我想要吃止痛藥，你可不可以開給我？」

　　我當時心想：「妳不就是因為止痛藥吃太多才得了胃潰瘍嗎？」出於好奇，我問她：「妳為什麼要吃止痛藥？還吃這麼多，吃到得胃潰瘍？」

　　一提到止痛藥，那位病人馬上一臉委屈的說：「江醫師，你不知道，我因為腰痛到不行，沒辦法才吃藥，這樣我才有辦法生活啊，不然我都走不了路。」長年的腰痛讓她非常痛苦，只有吃止痛藥才能減輕不適，讓她可以過正常的生活。

　　我問她：「妳為什麼不去復健？」不提還好，一提就是一連串的心酸史，我就在那邊聽她講了快 30 分鐘（門診時間就這樣不見了八分之一……）。她說：「江醫師，你不知道，我什麼復健、什麼招式都做過，都不知道做幾年了，可是無論怎麼看、怎麼推拿，三不五時都還是會腰痛，一直找不到疼痛的原因，也不是天氣變化，也不是太過勞累而疼痛，就是一直痛。而且，有時候只要一想到，就覺得腰很疼痛。剛開始疼痛的時候只要吃一顆就很有效，可是後來愈來愈沒效，我就加到一次兩顆、三顆……因為我太害怕那種疼痛了，只要稍微感覺到快要發作了，我就會吞一顆止痛藥，想說先預防一下，沒想到會吃到胃潰瘍、血便……可是好奇怪唷，很多時候我疼痛的位置都不固定，有時跑到肩膀、有時跑到背。反正我就是很怕痛，江醫師，你可不可以開止痛藥給我？」

　　聽到這些心酸史，我忍不住嘆了口氣，因為這些症狀聽起來並不是單純一種病而已。我問她：「妳運動嗎？平時生活習慣如何？有沒有補充營養品？」她的答案都是沒有，她只說：「醫師，我每天只是覺得好累，該試的我都試過了，我只想吞顆止痛藥，好好休息。」

聽她描述自己的狀況，我心想，她的身體已經處於一種長期的發炎狀態。於是，我問她要不要試試維他命D，因為這是每個人都要補充的營養素。她一開始很懷疑，但或許是出於對我的信任，她試了兩個月，結果疼痛改善了許多。她覺得自己彷彿獲得新生，一直跟我道謝：「江醫師，真的非常謝謝你，我終於不用靠止痛藥就可以好好休息了。」

我笑著對她說：「維他命D本來就是應該補充的營養素，只是剛好妳的身體可能很缺乏，所以對疼痛比較敏感。現在幫妳補充維他命D，妳對疼痛就不會太過敏感。」其實在我看來，很多慢性疼痛是發炎引起的，而維他命D的作用之一就是抗發炎，因此可以幫助緩解疼痛。

其實你的身體正在慢性發炎

我們常常聽到很多人說這裡痠、那裡痛，大家以為只是單純的姿勢不良導致肌肉痠痛，只要吃一吃止痛藥、貼一貼藥布就好了。但你確定你真的只是肌肉痠痛嗎？背後的原因是什麼呢？

　　根據臺灣疼痛醫學會 2015 年的調查，實際上臺灣約有七十萬人深受慢性疼痛的折磨，這個毛病非常普遍。我在這裡很簡單的教大家怎麼界定急性和慢性疼痛，基本上是依據疼痛持續的時間來辨別兩者的差異，急性疼痛一般持續 4～6 星期，慢性疼痛則通常超過 12 星期，如果持續疼痛長達三個月，已經是一般人可以忍耐的極限了。

　　當我們的身體遇到傷害，像是拉傷、扭傷或其他外傷，身體就會產生發炎反應，目的是為了清除侵入身體的外來物，修復自己的身體。但是，如果這個發炎過程毫無節制，就會產生類似「自體免疫疾病」的狀況。所以，有些慢性疼痛很難找出病因，醫生往往診斷半天，卻毫無頭緒。

　　因此，長期患有慢性疼痛的人要注意，自己的免疫力可能已經失調，造成身體一直慢性發炎，常常這邊痠、那邊痛的，卻都找不到原因。

這裡痛、那裡痛，止痛藥緩不了

　　我常常聽到慢性疼痛患者說，他們面對疼痛，通常第

一個反應就是吃止痛藥減輕疼痛，認為吞幾顆止痛藥就沒事了，或是「過幾天就會好了」。無論是上班久坐引起的腰痠背痛，還是跑步運動導致的膝蓋痛、肌肉痛，都是用同樣的方式處理。

另外，有些女性常常睡到半夜會抽筋、痠痛，甚至有時會痛醒。我們醫院有很多病人，她們本來只是來正常檢查乳房而已，常常會順便問我們，為什麼她的腳常常抽筋，有沒有藥可以吃或是怎麼治療。

其實像這種情形，極有可能是夜間腿不寧症，這種病有很多原因，醫生常常會叫她們多補一點鈣。可是，有時候抽血檢查，卻發現她身體裡的鈣含量正常。其實血鈣正常也沒有關係，依然可以多補點鈣，有助於穩定神經。

有時，我們還會請患者睡覺時把腳包起來，好好保溫，因為這種靜態的抽筋（就是說患者其實沒在動，卻抽筋了，和動態的抽筋不同），有時跟溫度的改變有關係。我們也會請患者在睡前按摩一下小腿，促進腿部的血液循環，這些做法都可能有幫助。

不過，有些病人即使照做，還是沒有得到改善。有一位女病人就是這樣，她每天晚上睡覺腿都會被痛醒，醫生

說的方法她都試過了（她其實還去找了好幾家宮廟，果然是標準的臺灣人，因為我自己運氣不好時也會偷跑去）。我最後請她補充維他命Ｄ，說也奇怪（但其實也不奇怪，這結果早在我預料之中），三個禮拜後，她小腿夜間抽筋的問題就大幅改善了。

其實，有不少人晚上睡覺常常腳抽筋，甚至連續抽筋了好幾個晚上，還影響到睡眠，有時是神經本身出了問題，由於神經傳導不良，造成對肌肉收縮抑制的不足，肌肉本身就會產生抽搐的反應。

如果你做了任何檢查都找不出抽筋原因，你可以考慮抽血檢驗，看看血中的維他命Ｄ是否不足。因為有時腿部的抽筋和慢性發炎、腿部神經不穩定有關，維他命Ｄ可以抑制發炎和穩定神經，所以對這種夜間腿不寧症有很好的療效。還有，我們人體的肌肉上有維他命Ｄ的接受器，它主要控制著鈣質平衡進出，抽筋有時是電解質不平衡所致，所以如果維他命Ｄ不足就可能引起抽筋。

疼痛是病，痛起來也可能要人命，但痛，真的不需要忍耐，因為疼痛是可以治療、治癒並好好控制的！但不一定要一直靠止痛藥，維他命Ｄ就是對付慢性疼痛的利器。

很多人都會使用止痛藥來緩解疼痛，剛開始吃一顆有效，後來愈吃愈沒效，這時你就要小心，可能你除了疼痛之外，還有其他問題。

■ 沒有找到真正病因，自己決定服用劑量

很多病人最喜歡使用含有消炎成分的止痛藥來解決疼痛，因為可以立刻減緩疼痛。但是，如果你吃了很多止痛藥還是無法止痛，那你就要懷疑你的疼痛並非這麼單純，可能是身體有其他毛病了。

而且，很多人吃止痛藥的時候，常常不遵照藥品的指示，往往一痛起來就趕快吃。本來一天應該照三餐吃藥，結果自己當醫生，擅自改成一天兩餐或是痛了才吃。可想而知，這樣的止痛效果當然不好。一般來說，服用止痛藥都要間隔4個小時左右，多吃反而會損害肝臟、腎臟和胃。

■ 疼痛無法緩解，當心其他疾病來找

如果你都乖乖按照規定吃藥，但是疼痛一直沒有緩解，你可能要懷疑這不是單純的疼痛或發炎，可能有其他

疾病或複雜的因素，必須就醫，找出真正的病因。比方說，偏頭痛可能源自腦瘤的問題，長期不明背痛可能是內臟腫瘤侵犯到神經等等。

還有，去看醫生時，最好先檢查有沒有高血壓問題。有些頭痛病人以為是單純的偏頭痛，但一來診間量血壓，結果都飆到200以上。很多人都不知道自己其實有高血壓的問題，所以光吃止痛藥不會有效果。

■ 其他藥物引起的副作用

有些是藥物引起疼痛，像是高血壓的藥裡面含有鈣離子阻斷劑，可能會導致頭痛。很多時候，藥物副作用會被當作另一種疾病來治療，所以，做任何治療之前，一定要先告訴醫師你正在服用哪些藥物。不過，你無須擔心，如果是藥物副作用引起的疼痛，基本上換藥就可以改善。

維他命Ｄ充足，就可改善疼痛指數

很多人都會問我：「車禍撞到、腳痛是不是可以吃維他命Ｄ來治療？」這種想法就太偏激了，你怎麼會吃維他

命 D 來治療急性腳痛呢？維他命 D 是每個人都一定要補充的營養素，但它不是用來治療急性疼痛，而是對慢性疼痛有幫助。我要強調一件事，雖然維他命 D 可以輔助你的身體抵抗發炎，但是，無論你今天撞到哪裡，引發急性疼痛，還是後續導致的慢性疼痛，都還是要接受正規治療，包括吃止痛藥或復健。

如果你常常全身疼痛，但又找不出原因，就可以合理懷疑是維他命 D 攝取不足，我會建議你去測量血中維他命 D 濃度。國外很多大型研究發現，大多數慢性疼痛患者都有維他命 D 缺乏的問題。其實臺灣也有類似的研究，臺大醫學院北護分院於 2015 年發布新聞稿〈拒當痛痛人，從補足維生素 D 做起〉，他們的復健科團隊研究發現，「全身慢性疼痛」與缺乏維他命 D 有關，慢性疼痛患者缺乏維他命 D 的比例是一般人的 1.6 倍。

在愈來愈多研究數據支持下，我們了解若長期缺乏維他命 D，往往會引起骨骼以外的問題，如慢性疼痛、纖維肌痛症等等。而美國也有一份研究指出，慢性疼痛病人血中維他命 D 的濃度若偏低，病人向護理人員索取止痛藥的劑量是其他維他命 D 濃度正常病人的兩倍。

在臺灣，慢性疼痛有兩個常見的原因：骨質疏鬆和關節炎。約有兩成的國人罹患關節炎，每當遇到季節交替或天氣寒冷時，關節便會產生僵硬、疼痛感，導致行動不便，間接影響到生活品質。為了舒緩這些疼痛不適，大部分患者不得不使用止痛藥，但如果毫無節制，反而可能因為服用過多止痛藥而產生副作用，最常見的副作用是胃腸道和腎功能出問題。如果此時能先以補充適量維他命 D 的方式來輔助治療，也許這無止盡的惡夢就可以停止了。

2017 年，有項研究追蹤慢性下背痛（平均長達三個月以上）的患者補充維他命 D 的狀況。一開始讓病患接受檢測，血中維他命 D 平均值所得數據極低，然後連續補充維他命 D 長達八週之後，他們血中維他命 D 濃度皆明顯增加，甚至近六成的病患達到正常值。而且，每個人在補充維他命 D 之後，疼痛指數和功能指數都獲得了改善。

從這些研究可以發現，維他命 D 缺乏是慢性疼痛的危險因子，事實上幾乎每個細胞都有維他命 D 的接收器，身體很多功能運作都有它參與的身影，特別是抑制發炎的功能。血中維他命 D 濃度不足，就無法抑制身體的發炎，而身體一旦開始發炎，長期下來就會百病叢生。

止痛藥五年無法代謝？！

根據 2016 年《常春月刊》的報導，臺北市藥師公會前常務理事沈采穎指出，基本上，市面上販售的止痛藥主要有兩種：乙醯胺酚類止痛藥和非類固醇消炎止痛藥，這兩種藥都不會成癮，也沒有抗藥性。只有病情嚴重的患者入院治療時，才可能用到麻醉性止痛藥，這種藥才會讓人上癮，但一般人在市面上買不到這種藥。

所以，很多人認為吃一顆止痛藥，五年後會無法完全代謝，這是不正確的誤解。而且，大家也醜化了止痛藥，以為副作用太多，在急性疼痛期間寧可忍耐也不肯吃藥。事實上只要使用得當，止痛藥是我們醫生對付疼痛的一大利器。

維他命 D 也會
影響心血管

高血壓好麻煩，不吃藥行不行？

我記得有一對夫妻來我的門診，太太因為乳房的疾病來找我追蹤治療，先生都會陪太太來看診。那位太太對於了解自己的病情不太積極，反而一直很擔憂她先生的高血壓。

有一次，那位太太再度跟我叨唸起她先生血壓高的問題，我就問道：「他血壓有多高？」於是，太太開始細訴先生這幾年的血壓病史：「他的血壓一直起起伏伏，降不下來，有時候都飆到快200了。跟他講要按時吃藥都講不聽，說起來我就氣，他老是一副皮皮的樣子，要聽不聽的，江醫師，你也講講他嘛！」

　　我聽完，請她的先生到外頭測量一下血壓，結果一量竟高達190，正常血壓應該是140以下，這數據根本就不合格，我當時忍不住問先生：「你都沒在吃藥嗎？這個血壓數字的確太高了！」

　　這時換先生開始抱怨：「我有吃啊，但是醫師我跟你說，高血壓藥吃起來很麻煩，因為有兩種，一下子要吃一顆，一下子吃兩顆，有時也記不得什麼時候要吃，三不五時就會忘記，實在是太麻煩了，如果一天只要吃一顆的話，那就簡單多了。」

　　我聽了笑著問：「那你有在補充維他命D嗎？」他說沒有，在一旁的太太聽到這裡，就開始罵先生：「我就跟你說，江醫師的臉書都說要補充維他命D，你就是不聽。沒有維他命D，你可能會骨折，等你老了就等著骨折跌倒，那時我可不一定有體力幫你推輪椅。」她不斷的碎碎念，在診間一直罵先生。

　　我後來跟他說：「你就先開始試著補充維他命D，反正一天只要吃一顆，不會太麻煩。」後來過了三個月，他們再來回診時很高興，因為先生的高血壓藥只需要吃一種了，血壓起伏也不會太大。

每次在門診看到維他命Ｄ又讓一個病人的病情獲得改善，我都很高興，替病人高興，也替自己高興，這些例子都證實維他命Ｄ真的能幫到人。

維他命Ｄ不足，小心血壓上升

歐洲人類遺傳醫學會年會曾發表一項研究結果，他們追蹤了歐美共十五萬五千多人，分析三十五份研究報告，發現如果身體含有高濃度25（OH）維他命Ｄ，比較不容易出現高血壓問題。

國外專家學者認為，維他命Ｄ可以降低血壓，建議高血壓患者每天補充約2000到10000 IU的維他命Ｄ（每個人要補充的劑量視個人血中維他命Ｄ濃度缺乏程度而異），大約需要連續服用6～8個月左右，才會達到所需的數值：40～60 ng/ml（這只是參考）。

簡而言之，補充維他命Ｄ可以做為預防及治療高血壓的方式之一。可是，一旦患有高血壓，絕對不能只吃維他命Ｄ，把它當成治療高血壓的唯一方式，還是要遵照醫囑，同時服用血壓藥，兩種方式齊頭並進，再透過醫生的

定期測試及追蹤，才能做好有效及安全的降血壓治療。

營養師林毓禎在與料理師 Amanda 合著的《高血壓症的飲食與治療》中探討人們為什麼罹患高血壓，結果發現病因大多不明確，取決於每個人的體質、遺傳、壓力、生活型態、飲食習慣、鹽分攝取和體重，另有少數患者是因為其他疾病而引發高血壓。一般來說，如果家族有高血壓病史，或者生活習慣不好，比方說，常吃太鹹、肥胖、壓力大、抽菸、飲酒等等，或患有內分泌異常、腎臟病等病，都要留意高血壓的問題。

你血管阻塞了嗎？這些症狀要小心

臺灣人罹患心血管疾病的比例非常高，根據衛福部2015年的統計，平均每18分鐘就有1人死於心血管中風、心臟病，大概每5個人就有1個人死於心血管疾病。事實上，在臺灣，因為心血管疾病死亡的人數僅次於癌症。我們都知道心臟病、中風、高血壓等疾病都是因為血

管有問題而引起的，而最主要的問題就是在於血管阻塞。

　　臺語常常說的「血濁」，指的就是血液很黏稠，代表你的血液處於一種高凝固狀態，久了就會造成血管阻塞，而血管阻塞就是一般人所謂的「血路不通」。我舉個例子，你把血管想成水管，剛開始新買的水管很有彈性，用久了漸漸會卡一些髒東西，水管就會變得沒有彈性。我們的血管也一樣，像新買的水管也是會老化，血管壁會沉積脂肪、膽固醇、血小板等等，形成斑塊，久了血管壁就會硬化，慢慢阻塞血管，形成我們常聽到的「粥狀動脈硬化」。如果你出現下列症狀，就要特別小心：

■ 運動後喘不停，當心血管有問題

　　現在路跑、健身很流行，許多人久沒運動，跑一下就很喘，有時還喘到停不下來。一旦頻率愈來愈多，就要當心這種缺氧問題是心血管狹窄引起的。如果放著不管，時間久了，當心導致心肌梗塞。另外，運動時出現異常胸悶，表示你的心臟供血量可能不足，而情緒性的胸悶也要小心，例如生氣、悲傷、壓力等等。

■ 單側手腳沒力，嘴歪眼斜手抖

如果突然單側手腳麻木，無法抬手，而且嘴歪、眼斜、手抖，就可能是中風了。中風是由腦部血管狹窄引起的疾病，必須要好好留意，及時治療。

骨質疏鬆的人，小心你的心血管已硬化！

現在科學研究發現，患有骨質疏鬆的人往往會有心血管硬化的問題。這是因為我們的血管細胞也有維他命D受體，所以也會受維他命D調控。維他命D在血管中的作用在於讓血管放鬆，更有彈性。而骨質疏鬆的人大部分都缺乏維他命D，自然血管彈性也會比較差，容易硬化，罹患心血管疾病。

在此稍微解釋一下學術原理，事實上維他命D有個很重要的作用，可以促進我們的內皮細胞產生一氧化氮，幫助血管放鬆，並讓血管壁產生膠原蛋白，增加血管的彈性，所以當體內維他命D不足時，就會導致血管硬化。2012年歐洲內分泌學雜誌指出，中老年人若補充高劑量維他命D，可以活化血管，讓血管壁產生膠原蛋白，維持

血管的彈性。

　　另外，前面提到動脈硬化的問題，實際上動脈硬化是一個複雜的過程，需要很多因素才會致病，除了要膽固醇很高之外，還要發炎指數升高，也就是說你的血管要先受傷發炎，膽固醇才能黏上你的血管，而維他命Ｄ有一個作用就是抑制發炎反應，所以它有助於減少動脈硬化的情形發生。

破碎的心與維他命Ｄ

　　國外研究報告指出，跟體內維他命Ｄ充足的人相比，缺乏維他命Ｄ的人死亡率高兩倍，其中最常見的死因正是心血管疾病。

　　2012年，丹麥哥本哈根大學也發表了一份大型臨床研究報告。布隆堂-賈寇森（Brøndum-Jacobsen）等學者追蹤10,170名成年男女的健康狀況長達29年，定期抽血檢驗他們體內的維他命Ｄ濃度，結果發現，在這29年中：

　　☀ 3,100人罹患缺血性心臟病
　　☀ 1,625人罹患心肌梗塞

◦ 6,747人死亡

經過這項研究的詳細分析，發現維他命Ｄ不足會提高罹患心臟病與死亡的風險：

◦ 罹患缺血性心臟病的機率增加40％

◦ 罹患心肌梗塞的機率增加64％

◦ 早死的風險提高57％

◦ 死於缺血性心臟病或心肌梗塞的機率增加81％

所以，想對自己的血管和心臟好一點，就多補充一些維他命Ｄ吧。

維他命 D 在心血管中的作用

◦ 腎臟會分泌腎素，這種荷爾蒙會促進血管收縮。維他命Ｄ可以調節腎素的分泌，讓體內的血壓與水分達到平衡。

◦ 直接作用於血管與平滑肌細胞上，放鬆血管。

◦ 抑制血管增生。

◦ 抑制發炎細胞。

◦ 減少動脈粥狀硬化。

糖尿病患者需要更多
維他命 D

已經乖乖吃藥和治療，為什麼血糖就是沒起色？

　　我記得有一位 60 歲的老先生，罹患糖尿病已經十多年，病情嚴重到需要定期施打胰島素與服用血糖藥。基本上，我都會提醒這類病人記得控制飲食，不要貪嘴。他向來聽話，飲食一直很清淡，但每次他來找我測糖化血色素，狀況都不是很好。所以他很生氣，也無法理解他已經過得像個苦行僧，為什麼還是無法改善血糖的狀況？

　　有一次他來我門診時，很怨嘆的跟我抱怨了很久：「我覺得人生很沒有意義，這也不能吃，那也不能吃，只不過偶爾沒忌口，吃點小東西，血糖就飆高。我已經很遵守規定了，但糖化血色素的指數還是沒有改善。」

　　而且，他每次去新陳代謝科，醫師一看到數值就會唸他：「你看呀，你再不聽話，將來搞不好就要洗腎、中風啊！」他覺得既討厭又無助，生活沒有意義，也沒有樂趣。

　　後來我請他測量血中維他命 D 濃度，結果發現嚴重不足，於是請他補充足量的維他命 D，看看糖化血色素是否有所改善。補充維他命 D 三個月後，他再去檢測，糖化血色素竟然及格了，新陳代謝科醫師還誇獎他維持得很好。他高興的跑來告訴我這個好消息，其實這三個月來，他的飲食並沒有太大的改變，藥也正常吃，偶爾還是會偷吃小零嘴，但糖化血色素卻改善了，他終於覺得他不用過得那麼苦，生活可以放縱一點點了。

到底什麼是糖尿病？

　　很多人常在電視節目、新聞等各種媒體上看到「糖尿病」這個名詞，但大部分人依然似懂非懂，我身邊很多醫師最常在門診聽病人說：「我沒有糖尿病啊，只是血糖有點高而已。」到底什麼是糖尿病？你真的瞭解糖尿病嗎？

人體就像工廠一樣，會自行將食物轉化分工，在正常情況下，我們吃下去的澱粉類食物會被轉化成葡萄糖，然後胰臟所製造的胰島素可以幫助葡萄糖順利進入細胞，就像提供燃料給身體一樣。

因此，若我們的身體無法產生足夠的胰島素，葡萄糖就無法順利進入細胞，被擋在細胞門外的葡萄糖只能停留在血液中，造成血液中的血糖濃度變濃（血糖數據升高），因而形成糖尿病。

比較常見的糖尿病可分成三種類型：

◉ 第一類型的糖尿病患者比較少見，大多數患者是兒童，除了先天遺傳的因素，大部分人是後天身體產生自體免疫抗體，導致胰臟無法正常運作。患者的胰臟功能遭到破壞之後，身體無法製作足夠的胰島素來引導血液中的葡萄糖順利進入細胞中，因此血糖降不下來。

◉ 第二類型的糖尿病目前比較常見，大約九成左右的糖尿病患者都屬於第二類型。這類病人是產生了胰島素阻抗，比如說1單位的胰島素本來能降低20單位的血糖，但這類病人只能降低5單位血糖，所

以血糖容易高。但只要注意飲食習慣、減肥和運動，通常就可以控制病情。

- 第三類型是妊娠性糖尿病，病人過去沒有罹患糖尿病的病史，而是在懷孕24到28週左右，才診斷出糖尿病。

錯誤的糖尿病觀念

大部分的人對糖尿病的觀念都大錯特錯，我在此跟大家解釋一下。

第一個錯誤的觀念就是：「愛吃甜食才會得糖尿病！」很多人都會說：「我不吃甜食，飲食又很克制，怎麼還會得糖尿病？」事實上，糖尿病跟愛不愛吃甜食是兩回事，大半是遺傳問題，譬如說家族遺傳，家裡父母如果有一位罹患糖尿病，那麼遺傳給小孩的機率就很高了。

第二個錯誤的觀念就是：「糖尿病患者不能碰糖跟澱粉。」其實糖尿病患者可以吃糖和澱粉類食物，只要注意別過量就好。

第三個錯誤的觀念就是：「我的家族沒有人罹患糖尿

病，是不是就不用擔心了？」這是不正確的！這種人更要小心，因為現代人飲食精緻，又常常坐著不動，肥胖很快就上身了，而肥胖的人容易罹患糖尿病。萬一誤以為自己不會得糖尿病，延誤治療的黃金時機就慘了。

維他命Ｄ幫助糖尿病患者穩定血糖

病人常會出現這種反應：「我只是血糖高了一點點，就必須吃藥嗎？只要少吃一點，血糖就不會那麼高了吧？那就不用吃藥吧？」當我們體內的熱量過剩時，就會引發高血糖和糖尿病。所以，只要減少熱量，理論上就可以降低血糖值。其實，糖尿病不是治不好，不要以為這是一種慢性病、遺傳疾病，就覺得自己一輩子都要當個藥罐子，這種心態太負面了。事實上，有些不嚴重的糖尿病患者靠飲食和運動，就可以讓病情得到良好的控制。改變生活習慣，才是關鍵。

很多人都知道，維他命Ｄ不足會缺鈣，進而導致骨質疏鬆。可是，維他命Ｄ究竟對胰島素的合成、分泌和功用有什麼影響，還有維他命Ｄ跟糖尿病的發病機率之間有什

麼關係，這些卻很少人關心。美國國家衛生研究院指出，根據血糖測試的研究發現，血中維他命Ｄ濃度較低的人，比較容易產生胰島素阻抗及胰島細胞障礙，也就是容易得到糖尿病。

你要先知道一件事，糖尿病可以看成一種體內的「特殊發炎反應」。而我前面也提過很多次，許多研究已證實，維他命Ｄ能夠調節體內的發炎反應，從而降低胰島素阻抗，增加胰島素的敏感度，協助調控胰島素分泌，穩定糖尿病患者的血糖和血壓。我和長庚醫院新陳代謝科郭昇峰醫師的研究也證實了這種現象，所以，維持維他命Ｄ濃度，可以讓糖尿病的控制更好，減少併發症。

美國約翰・霍普金斯大學（Johns Hopkins University）於2010年發表一篇論文，他們分析了124位第二型糖尿病的患者，發現近91.1％受試者血中維他命Ｄ濃度不足。他們的結論是，血中維他命Ｄ濃度愈低的人，血糖控制就愈差。從這個論點來看，雖然無法證明缺乏維他命Ｄ是不是造成糖尿病的原因之一，但是，醫師可以當作參考標準，檢測糖尿病患者的血中維他命Ｄ濃度，考慮讓缺乏維他命Ｄ的病人補充維他命Ｄ。

　　另外，現在的人普遍都有代謝症候群，我們擔心以後可能會發展成糖尿病和心血管疾病。對於這類病人，我會建議他們維持適當的維他命D濃度，幫助保持一定程度的身體健康。因為補充維他命D可以降低胰島素阻抗，而胰島素阻抗是糖尿病前期的症狀。

　　2010年，紐西蘭梅西大學（Massey University）也發表了一篇臨床研究的論文。他們找到71位定居奧克蘭市的婦女，年紀在23到68歲之間，將這些婦女隨機分成兩組，第一組42人，每日提供4000 IU的維他命D，另一組則是39人，並未額外補充維他命D。經過6個月之後，他們發現，服用高單位維他命D的病人，血中維他命D濃度的平均值從21增加到75 nmol/l，而且胰島素阻抗明顯降低了。另外一組人的血中維他命D濃度和胰島素阻抗，都沒什麼改變。雖然目前還無法證明這兩者之間絕對有關，但可以推論的是，血中維他命D濃度達到一定的水準，就有助於降低胰島素阻抗，讓血糖穩定。

糖尿病患者需要更多維他命D

睡不著覺，原來是
缺維他命 D

想東想西釀失眠，心情煩悶好累人

　　一位約莫 60 多歲的老婦人，滿臉憂愁，一來我的門
診坐下就說：「江醫師，我是因為看了電視節目，想說來
找你看診，看能不能幫幫我，開一些安眠藥給我，最好是
連續處方箋。」

　　我問她：「妳怎麼了，怎麼會想請我開這種藥？」話
一出口，她就絮絮叨叨的講起心事，我聽了很久，她除了
說自己的失眠問題，還不斷抱怨她的先生和家裡種種人事
物。

　　我心想，抱怨這麼多，應該是平常一直想東想西，
因為心情的問題才會失眠。講到後來，她從袋子裡拿出

各式各樣的安眠藥，有精神科開的藥、自己上藥房買的藥、其他科醫師開的藥等等。當時看到這麼多藥，不禁替這個病人感到頭大，沒想到她還說：「我不會固定吃一種安眠藥，如果失眠太嚴重，還會混和吃兩種以上的安眠藥……。」當下我心想，按照她這種用藥方式，每個醫生聽到都會替她捏把冷汗吧。

我忍不住問她：「妳怎麼會想來找我，妳最需要的是精神科醫師，和他們聊聊心事，解開心結才是。聽妳說了這麼多，妳應該是因為思慮過多、心情不好，才會失眠。最好去精神科徹底解決病因，請其他科醫師開短期處方箋根本是治標不治本，反而傷身體。」

我和老婦人說了很久，後來問她平時有沒有補充維他命 D，她回答沒有，於是我告訴她：「維他命 D 可以幫助睡眠，妳除了服用精神科醫師開的安眠藥，還可以再補充維他命 D。不過，妳還是要接受所有正規治療，因為妳的失眠問題太嚴重了，我不知道補充維他命 D 對妳有沒有效。但是，我希望妳可以減少安眠藥的用量，不要因為一種安眠藥吃了沒效，又混搭用藥。」

那位老婦人聽了我的話，回家開始補充高劑量的維他

命Ｄ。兩個月以後，她再度回診，對我充滿感謝：「江醫師，我已經沒有每天吃安眠藥了，一個月大約只有15天會吃安眠藥，而且藥效都很好，睡眠改善很多，真的很謝謝你。」

我聽完笑了笑，其實我不確定是不是維他命Ｄ幫助了她，也可能是因為她很相信我，所以聽了我的話，產生一種心理安慰的作用，或者她是我的鐵粉，看到我（偶像？）心願已了，心滿意足，就可以安心睡覺了。

睡不著，全身疾病來找

在臺灣，很多人失眠。2017年臺灣睡眠醫學學會發布的調查結果顯示，11.3％的臺灣人都有失眠的問題，相當於每10人就有1人失眠。根據2016年衛福部食藥署公布的調查結果，光是2014年，臺灣人就吃掉3億3千9百萬顆安眠藥，所以這個問題非常大。

失眠、嗜睡、夢遊、惡夢驚醒等等，全都屬於睡眠障礙，其中失眠最常見。在臺灣，許多人長期失眠，而且出乎意料的是，深陷失眠痛苦的人涵蓋男女老少。只不過，

失眠的女性人數比較多，是男性的1.5倍。或許是女性天生善感，心情容易受影響，結果就睡不著了。而且，女性遇到月經即將來潮、經期當中及更年期，身體都會不舒服，影響睡眠品質，甚至失眠。

老年人因為身體老化，不容易入睡，常常睡沒幾個小時就醒了。而且，人年紀大了，難免會有一些毛病，比方說夜間頻尿、慢性疼痛、憂鬱、焦慮，還有老人家平常服用的慢性病藥物，有些也會產生副作用，這些都會影響睡眠品質。

■ 失眠的人容易得糖尿病

大家都知道失眠會導致肥胖、高血壓、心情煩躁，但可能比較少人知道失眠的人容易得糖尿病。因為一旦失眠，壓力指數就會上升，導致身體分泌更多壓力荷爾蒙（亦即腎上腺皮質醇），血糖會直接升高，胰島素功能也會下降。譬如，本來1單位的胰島素可以降低血糖值15 mg/dl，但只要失眠，壓力一大，1單位的胰島素或許就只能降低8 mg/dl。

所以，失眠的人容易得到糖尿病，這是有根據的。

《科學人》雜誌就曾經報導，芝加哥大學找來11位健康的年輕男性參與實驗，每晚只讓他們睡四小時，過了五天，他們體內胰島素降低血糖的功能減少了40％。也有研究顯示，受試者連續七天睡眠品質很差，到第七天檢測血糖，發現每個人的血糖都高到快得糖尿病了。

■ 失眠會降低免疫力，提高罹癌機率

此外，失眠還會影響你的免疫力。什麼是免疫力？就是你身體的免疫細胞能不能正常運作。同樣感染到病毒，免疫力好的人就比較不會感冒。很多人都知道，如果連續好幾天睡不好，就可能常常感冒，而且不容易痊癒，這就是免疫力出了問題。

也有學者在老鼠身上實驗過，當時分成兩組，進行連續七天的研究，過程中不斷用燈照老鼠，播放音樂，還餵食致命病菌（老鼠很可憐）。結果睡眠品質好的那組老鼠，二十隻當中只死掉一隻；而睡不好的那組老鼠，二十隻當中死掉了十八隻。所以，你自己說，睡眠對免疫力影響大不大？

至於癌症和免疫力的關係，就不用我多說了吧。研

究顯示，你只要一天不睡覺，隔天抽血檢查，你身上的腎上腺素分泌量就會增加37％，等於類固醇上升了37％，打壓你的免疫力。而長期睡不好的人，身體都是處於免疫力低下的狀態，當然容易得癌症。所以，免疫力真的和癌症息息相關。其實人活到六、七十歲，細胞難免會產生病變，人體主要靠自己修復。可是，有時候不免出現一些意外，一旦身體無法自行修復，就會演變成癌症。

美國國家睡眠基金會（National Sleep Foundations）指出，根據《國際癌症期刊》（*International Journal of Cancer*）的研究發現，因為工作上有輪班需要，導致生理時鐘經常被擾亂的女性，比一般女性更容易罹患癌症。研究人員比較1,200位乳癌患者，以及1,300位健康女性，發現日夜顛倒的女性罹患乳癌的機率比一般女性高出30％。同樣的，日夜顛倒的生活習慣也會增加男性罹患前列腺癌的機率。

我有很多乳癌病患，家族沒有癌症病史，生過小孩，也餵過母乳，甚至有些人還吃素，看起來都很正常，她們都想不通為什麼自己會得癌症。其實我觀察下來，大多數的職業婦女都睡不好，而且睡眠時間很少，常常太疲累，

長期處於壓力的狀態下，導致免疫力下降，當然癌症也就悄然來襲。

失眠的人也容易罹患大腸癌。大部分的大腸癌是大腸瘜肉演變而成，美國癌症協會（American Cancer Society）2010年發表的研究報告顯示，跟每天至少睡七小時的人相比，每天睡不到六小時的人患有大腸瘜肉的機率高將近50％，自然得到大腸癌的機率也會提高。

各種睡眠障礙

- 失眠症：不容易入眠，就算睡著也會很早醒過來，或是一醒來就再也無法入睡。還有一些人整晚做夢，半夢半醒。
- 睡眠呼吸中止症：慣性打鼾、鼻塞、扁桃腺肥大、呼吸暫停、整日昏睡、怎麼睡都睡不飽，甚至睡夢中還會聽到自己的鼾聲。
- 睡眠異常運動：夢遊、睡眠中有異常暴力的行為、磨牙或尿床、不自主的抖腳。
- 有時差或輪班的人：明明是夜晚，生理時鐘卻是白天，根本睡不著。或是輪班的人上完晚班，到了白天，應該休息，卻沒有睡意。

缺乏維他命D，小心被失眠綁架

美國曾做過一項研究，讓兩組人補充維他命D，一天大概補充4,000單位（IU），補充八個禮拜，結果發現，有補充的那一組人，不管是睡眠時間跟睡眠質量，都比沒有補充的那一組人好很多。

另外，睡眠呼吸中止症也和維他命D有關。如果你有睡眠呼吸中止症，血中的維他命D濃度往往比較低。但你或許會想問，補充維他命D能否改善睡眠呼吸中止症？現在還不清楚，因為目前尚未有這類的大型研究，無法告訴你是否有幫助。但就學理來看，應是有所助益。我們都知道，睡眠呼吸中止症是因為呼吸道阻塞，而阻塞有部分原因是局部組織的發炎。我在前面章節提過，維他命D的其中一項功能就是抗發炎，所以補充維他命D後，理論上你的呼吸道就有可能比較通暢。

美國東德州醫學院（East Texas Medical Center）在為期2年的研究中，讓1,500名缺乏維他命D且同時伴隨失眠和頭痛的病人，每天補充20,000 IU的維他命D，後來患者的頭痛和失眠竟然漸漸改善。這項研究結果顯示，當

身體的血中維他命Ｄ濃度達到平衡水準，就有助於改善睡眠品質；而濃度不足或過低則會造成睡眠品質不良，甚至嚴重失眠。

此外，維他命Ｄ也跟體內代謝有關係。當血液中的維他命Ｄ濃度高一點的時候，你的代謝會變快，理論上體重就會下降。而且，因為維他命Ｄ本身會安定你的神經，讓你比較不會那麼焦慮。我們都知道，所謂「睡眠品質」，不是睡愈久就愈好，而是你的睡眠型態正常，順利進入深度睡眠，睡眠品質才會好。而維他命Ｄ可以改善你的睡眠型態，讓你比較容易進入深度睡眠。睡得好，新陳代謝自然快，體重也容易控制。

根據美國《臨床睡眠醫學雜誌》2012年刊登的研究報告，白天經常感到疲倦的人，體內維他命Ｄ濃度往往偏低。從眾多研究可以發現，維他命Ｄ和睡眠、新陳代謝之間息息相關，當血中維他命Ｄ維持在一定的濃度時，可以有效改善睡眠，增進新陳代謝，對你的免疫力和體重控制都有很大的幫助。

安眠藥不是萬靈丹

很多病人會因為失眠吃安眠藥，沒有吃安眠藥就睡不著，甚至依賴成性。我曾經有一位病人，他是四十幾歲的男性，一直以來工作非常辛苦，長期有精神不濟與失眠的問題。因為市場競爭激烈，他很怕自己的失眠問題導致工作狀態不好，被老闆開除，所以長期吃安眠藥，有時到我的門診拜託我開安眠藥給他，不然就是自己去外面藥局購買。

我一直建議這位病人應該去精神科就診，但他很抗拒這件事，深怕一看精神科醫生，就會被掛上有精神疾病的牌子。當時我一直勸他，關鍵在於改善自身的生活習慣，但他因為工作關係，很難改變。只是，我總覺得，他一直吃安眠藥也不是好事。睡不著就吞顆安眠藥，的確很方便，但如果太過依賴藥物，根本無法徹底解決失眠問題。所以，我幫他檢測了血中維他命 D 濃度，結果發現他的維他命 D 濃度只有正常人的 1/5。於是，我請他回家補充維他命 D，過了四週後，他原本一天要吃兩顆安眠藥，現在只要兩天偶爾一顆安眠藥就可以入睡。

但我還是要強調一件事，這個案例並不代表維他命 D 治療了失眠症，而是患者本身就缺乏這種營養素，導致身體失調，補充維他命 D 只是讓身體回復正常機能。因為失眠的原因很多，你的問題可能不是出於同樣的原因，所以還是要接受正規的治療。

另外，很多老人家都有淺眠的問題，也可以讓他們補充維他命 D，對他們的睡眠也會有幫助。如果你打算吃維他命 D 來改善失眠問題，建議要在白天服用，因為報導顯示維他命 D 和褪黑激素有拮抗問題，所以晚上服用維他命 D，會讓褪黑激素下降，反而影響睡眠（這只是有可能）。

睡不著覺，原來是缺維他命 D

缺少維他命 D
會提早失智

被橡皮擦擦掉的人生

「醫生，我的媽媽是不是失智了？她開始忘記自己什
麼時候吃過飯。」

「我又沒生病，為什麼要帶我去看病？」

「我要回家，這裡不是我家……。」

「你是誰啊！」

這些都是家裡有失智長者時常會出現的對話，老人失
智是現代社會的大問題，隨著臺灣漸漸走向高齡化社會，
這個問題只會愈來愈明顯。一旦家中有長輩罹患失智症，
痛苦的不只是勞心勞力的照顧者，最令人難受的是家人失
去了那一段共同生活的回憶，也無法再創造了，因為失智

的親人再也無法和你正常溝通。

我有一位70多歲的病人,因為腸胃阻塞問題,我幫他開過兩次刀,之後就一直在我門診追蹤。他是位榮民,一直以參加過抗戰為榮,每次來門診,講起話來都中氣十足,整個人筆直地坐在椅子上,他的骨子裡就是一副軍人魂。

起初,每次都是他兩個兒子一起陪他來門診,那兩個兒子看起來很孝順。只是,我忘了從什麼時候開始,只剩下弟弟陪他來看診而已,哥哥很久都沒有出現了。

我也忘了從什麼時候開始,這位榮民伯伯變得有點遲鈍,從剛開始一進門診話就滔滔不絕,到後來的沉默不語,甚至連理解力都出了問題,每次來門診就只是靜靜的坐著,看完診說一聲謝謝便離開,中間偶爾回答我的問題也是答非所問。因為我覺得他有嚴重的失智問題,於是,有一次我跟他的小兒子聊,請弟弟帶他去看精神科,果不其然,診斷出來是阿茲海默症第二期。

那次我出於好奇,問弟弟:「怎麼很久沒看到你哥哥?」弟弟沉默一會就哭了起來,邊哭邊講,我就靜靜聽他講他爸爸這一路走來的過程、他怎樣跟哥哥決裂,講了

快一個小時。其實，兩兄弟經濟也不是很富裕，平時還要工作，但爸爸又必須一直來複診，誰有辦法這樣老是請假。弟弟覺得，不管如何，父親最重要，就算工作沒了，也要把他照顧好。可是哥哥的意見不一樣，他認為他要以照顧自己的家庭優先，而且後來爸爸的脾氣變得非常古怪，哥哥就更不想照顧他了。結果導致兄弟倆決裂，變成弟弟一個人在照顧爸爸。

在我看來，事情演變至此，其實不難理解。因為他爸爸除了腸阻塞之外，還有很多毛病，包括糖尿病、高血壓等等。所以，每個月光是分配時間，決定哪次門診由誰帶到醫院看診，就要花很多工夫協調了。剛開始還好，因為他們跟爸爸還有互動，可是後來爸爸慢慢失智之後，每件事都變好難，明明一件很簡單的事情，譬如說要勸他去門診，平常跟他講好就去了，現在他卻變得很固執。同樣一件事，過去本來只要只花一分力，現在都要花五、六分力才能完成。

可是，當弟弟辭掉工作，想專心照顧爸爸的時候，結果卻換來脾氣愈來愈古怪的爸爸。剛開始還稍微能跟爸爸溝通的時候，弟弟還覺得只要努力，撐著也就過去了。後

來，等到他爸爸幾乎完全失智，徹底失去溝通的能力，他整個人幾乎崩潰，覺得自己兩年來盡心盡力的照顧，連工作也沒了，卻換來這種結果，簡直是白費工。

失智症不是單一病因的疾病

大家應該常常聽到「失智症」這個詞吧？很多人以為，年紀大了難免會健忘，偶爾會「老番顛」一下。但你真的知道失智症是什麼嗎？知道為什麼人會失智嗎？

其實，失智症如今在臺灣非常普遍，65歲以上的老人大概7%都有失智症，也就是說，基本上13個老人當中就有1個失智症患者；而80歲以上的老人家，每5個就有1個得了失智症。所以，事實上，我們臺灣為了照顧失智症患者，已經付出非常大的代價了。那麼，我們到底要如何預防失智症呢？

我先簡單說明一下失智症的分類，失智症主要分兩種，一種是退化，就是我們說的「阿茲海默症」；另一種就是血管性的毛病。目前以這兩種失智症最為常見，但有時會同時存在兩種以上的病因，最常見的則是阿茲海默症

與血管性失智症並存（又稱為混合型）。

■ 血管性失智症

血管性失智症，就是血管有問題，長期下來腦部供血量不足就退化了。如果你年紀大了（65歲以上），血壓超過160 mmHg，你得到失智症的機率是人家的5倍之多。

此外，抽菸的人發病的機率是常人的兩倍，其他像頭部曾經有過外傷，或曾經中風過，患病機率也會提高。只要中風一次，得到失智症的機率就是5％，依此類推，如果你中風三次以上，得到失智症的機率大概就超過15％。因為每一次中風，你都會失去一部分腦神經的功能，久了就容易造成失智。還有，倘若頭部裡面有長瘤，也會壓迫到一些腦細胞，造成腦功能下降，容易罹患失智症。

我們都知道，疾病常常都是基因跟環境引起的。比方說，我們常告訴老人要多動腦，可以去打打麻將什麼的，比較不會得到失智症。可是，也有一些著名大學的教授，一輩子都在做研究，臨老還是得到失智症，那就是基因的關係。只是我們對於基因無能為力，只能儘量改善環境的因素。

■ 阿茲海默症

阿茲海默症就是一般人所謂的「老人失智症」，是最常見的失智症。

通常得了這種病的人，記憶力會衰退，這和人老了記性變差不一樣，老人家常忘記事情，但還是會想起來。而阿茲海默症的病人則會徹底忘記，連自己說過什麼、做過什麼、見過什麼人，都完全從記憶中抹去。

而且，病人還會搞不清楚時間、地點，也認不得人，沒辦法作簡單的算術。就連本來擅長的事情，也會突然不知道該怎麼做，比方說，原本是英文老師，突然卻看不懂簡單的英文字，或者炒菜炒了大半輩子都很好吃，突然變得很難吃。

這些都是可能罹患阿茲海默症的信號，如果發現老人家出現這些症狀，一定要盡快就醫。

失智症有藥醫嗎？

病人看到醫生，通常會問：「如果我診斷出阿茲海默症，服用藥物可以痊癒嗎？」基本上，服藥可以減緩病情

惡化的速度，不過具體情況要看你得到哪種失智症而定。

　　我在前面提到，失智症主要分成兩種，一種是阿茲海默症，一種是血管性的失智症，當然很多是混合型的。如果你罹患的是血管性的失智症，醫師一般都會開給你一些通血管、保腦的藥，其實這些都是促進腦部循環的藥；此外，我們還會控制你的三高，希望減緩疾病的進程。

　　如果你得到的是最常見的阿茲海默症，目前的醫學還是認為這種病是不可逆的，只能減緩病情的發展。也就是說，你在第一期跟第二期開始吃健保局給付的藥物，就會比較慢進入第三期。目前還沒有實證醫學顯示藥物可以治癒阿茲海默症，所以健保局現在給付的還是第一期跟第二期的藥，只能讓病人不要那麼快進入第三期。

缺少維他命Ｄ，小心提早失智

　　「可不可以預防失智，讓這種病根本就不要發生？」我相信很多病人和家屬心裡一定會這麼想。大家健康節目看多了，常常聽到什麼營養素可以抗發炎、抗氧化、抗老化、防失智（一大堆維他命都有這些功能），理論上都

對，只是實際上很少單靠一種營養素就會有效。

我在這裡要和大家再次強調一個觀念，「失智症」不是單一病因的疾病，影響的因素很多，舉凡慢性發炎、心血管疾病、高血壓、糖尿病、憂鬱症、骨質疏鬆、失眠，甚至掉牙、牙周病，都會提高罹患失智症的風險。前面提到的血管性失智症，通常都和慢性疾病有關，例如三高。

但我要跟大家說，其實失智症也和你體內的維他命 D 含量多寡有關。你一定會覺得很奇怪，失智症跟維他命 D 有什麼關係？事實上，維他命 D 在腦中可以保護你的神經元，幫忙清除一些會導致神經退化的蛋白質，還可以讓你的血管更健康。所以，就理論上而言，維他命 D 可以預防失智症的發生。

根據中央社 2017 年的報導，新加坡學者曾針對 1,202 位 60 歲以上的老年人進行為期兩年的追蹤。他們發現，在所有受試者當中，血液中維他命 D 濃度最低的一組與最高的一組相比，前者罹患認知功能障礙的風險增加 3.17 倍。根據這項研究結果，這些學者認為，血液中維他命 D 濃度過低的人，出現認知功能障礙的機率很高。

綜合上述理論與實驗研究的結果，顯然老人家只要補

充維他命Ｄ，就可以改善情緒及減少失智的發生。此外，很多失智症病人其實都有失眠的症狀，只要生理時鐘錯亂，腦神經就會不穩定。因此，長期失眠會不斷傷害你的腦神經，而腦神經長期受損，就會造成腦部受損，引發失智症。既然維他命Ｄ可以改善睡眠，理所當然就能降低失智症發生的機率。

　　一般來說，在治療失眠時，傳統上我們都是使用安眠藥或鎮靜劑來治療，但效果往往有限，有些病人身上還會出現一些副作用，例如白天昏睡、注意力不集中、安眠藥成癮等等。我有很多失眠病人在吃這些安眠藥時，最常問的就是：「醫生，請問我一直吃這些藥，以後會不會失智啊？」可能會，有一些研究顯示，如果長期使用安眠鎮靜劑，大概平均使用十年以上的話，極有可能導致許多認知功能缺損，停用後雖會明顯進步，但記性還是會比一般人差。

　　所以，很多病人就會問我：「那是不是只要補充維他命Ｄ，讓體內維他命Ｄ濃度高就不會失智了？」「如果已經得了失智症，補充維他命Ｄ是不是就可以改善病情？」答案是不一定，並不是說提高體內的維他命Ｄ就可以治癒

或逆轉病情，一旦病人出現認知功能障礙，就算狂吃維他命D，也不一定有效，補充維他命D主要只是預防或延緩失智症發生。

　　基本上，我建議大家一定要現在就開始補充，因為失智症大概是從40歲就開始發病。我讓病人補充維他命D，是為了保持體內維他命D的含量，減少神經傷害和增加神經的穩定，降低得到失智症的風險。

攝取維他命 D 也可以抗憂鬱

　　常聽到人家說：「擁抱陽光，遠離憂鬱。」這句話背後的原理是，因為我們腦部會製造一種能改善情緒的血清素（serotonin），當血清素減少或不足時，就會影響到情緒，而我們的身體可以靠有效的日晒方式自然合成維他命 D，讓維他命 D 增加血液中的血清素濃度，調節注意力的集中、穩定情緒和自律神經平衡等等。人體內若有足夠的維他命 D，就能減輕情緒失調和憂鬱的症狀。因此，多攝取維他命 D，也有助於減少季節性的情緒失調（通常到了冬季，白天變短、夜晚變長，容易讓人感到憂鬱）。

缺少維他命D會提早失智

懷孕、不孕
與維他命 D

心焦又漫長的求子之路

　　大家都知道我是外科醫師，不孕症患者其實不會來找我，但對於不孕症，我印象最深刻的是發生在一位女同學身上的際遇。

　　我和那位女同學畢業近二十年之後，在一次同學會相遇。記得那次同學會來了七、八位同學，本來大家相約在校園裡散步，回味學生時代的感覺。後來大家意猶未盡，彷彿又回到學生時代，還想再多聊一會，大夥兒就決定轉移陣地，找一家離學校不遠的咖啡廳。剛好當天那位女同學沒有開車，就決定搭我的車到目的地。那天我們在車上聊了兩句，感覺好像回到當年的學生時代。

　　我依稀記得那位女同學的家境很好，也嫁了一位還不錯的老公，但在聊天過程中，總覺得她若有所失，於是忍不住好奇，問了她：「妳怎麼有種淡淡的哀愁？」

　　她聽聞忍不住笑了一下，說：「不愧是你，這樣都被你看出來。」

　　我當時鼓起勇氣，問她：「到底怎麼了？」

　　她說：「其實也沒什麼，就是生不出小孩。結婚十多年，國內的名醫幾乎都看遍了。為了求子，甚至跑到國外找代理孕母。但老天爺好像在跟我開玩笑似的，代理孕母最後還是流產了。為了生小孩，光一年就花了近千萬，不管怎麼努力就是沒有結果，漸漸地我對生小孩就抱持隨緣的態度。」

　　當時我剛從國外回來，研究的領域正是維他命 D，那個時候，維他命 D 在國內的研究並不多，也尚未受到重視。於是，我詢問女同學有沒有在補充維他命 D。

　　她聽完愣了一下，說：「我又還沒停經，也沒有骨質疏鬆，幹麼要吃？」彷彿我問了什麼奇怪的問題。

　　我告訴她：「妳知道嗎？維他命 D 的作用不單只是發揮在骨頭上，國外很多研究已經發現維他命 D 和各種機能

都有關。」她聽了，笑笑的說：「你是我的好朋友，相信你不會害我，那我就再試試看吧！」

結果那次聚會後，過了好久，大家又要再約時間開同學會時，我在臉書看到這位女同學生了一對雙胞胎，我很替她開心，非常感動。後來她來跟我道謝，說她那段時間按照我的方式補充維他命D，雖然我們並不清楚到底是不是因為維他命D的功效，還是她找到了特別厲害的不孕症醫生，又或者是時間到了，都無從瞭解，但我真的很開心她生了對漂亮的雙胞胎。

美白過了頭，小心不孕

我記得有一次上電視節目錄影，當時討論的主題是大家都熟悉的「多囊性卵巢症候群」。我腦海中突然浮現一對母女的樣子，當時媽媽帶著快30歲的女兒來找我，媽媽顯然心情很憂鬱，女兒臉色也不好。

一開始，媽媽問我她的女兒是不是甲狀腺功能低下，因為她女兒在兩年內胖了快15公斤，也開始掉髮，皮膚變得很粗糙，甚至還長了一些鬍鬚。但我當下就不覺得她

是甲狀腺的問題，果然檢查出來是多囊性卵巢症候群。女兒和媽媽當場大哭，因為她們認為得到這種病就完了，狼人、女漢子、胖子、不孕……她們所能想像的各種和多囊性卵巢症候群連在一起的可怕名詞都出來了。

後來我叫她減重，同時補充維他命 D，半年後她就「女大十八變」了。因為罹患多囊性卵巢症候群的人身上會出現一個很重要的現象：胰島素阻抗，也就是說，身體對胰島素不敏感，所以身體要分泌更多胰島素來控制血糖，導致胰島素濃度升高。胰島素上升會讓女生的雄性荷爾蒙升高，而雄性荷爾蒙一旦升高，就會變得粗壯，所以女生才會看起來像男生，也會變胖，變胖之後，胰島素阻抗就會變得更高，於是愈來愈慘。

由於臺灣女性不愛晒太陽，所以能自行在皮下產生的維他命 D 濃度並不夠，這會導致卵泡生長不易，造成多囊性卵巢症候群。

目前，醫學界還不清楚多囊性卵巢症候群的原因，但已經有很多研究證實，女性體內的維他命 D 濃度與血清中的 AMH（抗穆勒氏管荷爾蒙）成正比，但和 FSH（濾泡促進激素）成反比，這暗示女性體內的維他命 D 濃度如果

偏低，卵巢功能也會較差。因此，缺乏維他命Ｄ會影響到卵子品質，造成子宮內膜不易著床，就算著床後也很容易流產。如果妳打算生育，卻患有多囊性卵巢症，而且還肥胖，建議可以服用維他命Ｄ。

多囊性卵巢症候群在年輕女性相當常見，根據統計，大約每7位女性就有1人罹患這種病。這種女性其實都有胰島素阻抗和男性荷爾蒙過高等問題，你會發現，有這種病的女性，比較會長青春痘，體毛也會比較濃。很多女性因為多囊性卵巢症候群而排卵異常，不易受孕，再加上體內缺乏維他命Ｄ，加重胰島素阻抗，導致體重上升，種種原因加乘起來，就會造成多囊性卵巢症的病人症狀更加明顯。

多囊性卵巢症候群如何導致不孕？

一般人在月經初期的卵泡通常為10個左右，但只有一個卵泡能在14天後形成主要卵泡並排卵（競爭很激烈）。你一定會問，那其他的卵泡呢？事實上其他卵泡不是退化，便是暫不發育，等待下一週期的排卵。

但我們要知道，多囊性卵巢症的患者情況不同，她們的卵巢中有很多小而不成熟的卵泡，這些卵泡大多在20個以上，當身體分泌荷爾蒙，你的身體卻連一個卵泡都培養不起來，這就會形成我們所說的不排卵和不孕症的問題。

義大利米蘭的科學家為了研究維他命D缺乏會不會導致不易受孕，找來335位婦女參與研究，先檢測她們血中的維他命D濃度，經過90天之後，再將她們的胚胎植入子宮。結果發現，維他命D濃度高的婦女可以得到較好的胚胎，而且，著床率和懷孕率明顯偏高（懷孕率約三成，著床率兩成）；而維他命D濃度低的婦女則較低（著床率約一成多，懷孕率約兩成）。

大家要謹記一件事，想懷孕的婦女血液中維他命D的濃度需要提高，才能提高懷孕率。如果你在治療不孕症之前，血液中維他命D濃度低於標準，受孕效果就會不彰。有些婦產科醫師會建議，把提升體內維他命D濃度當作輔助治療，藉此來提高著床率及懷孕率，幫助婦女受孕。

臺灣也有相關的統計資料，65～87％患有多囊性卵巢症的婦女，體內的維他命D濃度會比正常人低，於是就有

學者找來一些肥胖且體內維他命Ｄ濃度不足的多囊性卵巢症患者來做試驗，結果發現她們在補充高劑量維他命Ｄ三個月之後，血中的雄性荷爾蒙下降了。

　　另外，患有多囊性卵巢症的婦女通常伴隨胰島素阻抗的問題。在前面探討糖尿病的章節裡，我也提到維他命Ｄ可以改善胰島素阻抗，如果維他命Ｄ不足，阻抗的問題就會更嚴重，體重也會更重。也有研究發現，如果懷孕的媽媽血中維他命Ｄ的濃度不足，就會增加40％妊娠糖尿病的風險。

　　所以，一旦罹患多囊性卵巢症，就該補充維他命Ｄ，才能提高體內對胰島素的靈敏度，進而改善胰島素阻抗的問題。這樣一來，男性荷爾蒙會降低，排卵率就會上升，才有機會受孕。另外在子宮方面，補充維他命Ｄ，可能有助於抑制子宮內膜異位症及子宮肌瘤生長。我非常建議習慣性流產的婦女或試管嬰兒胚胎著床高失敗的患者，除了一般產前檢查之外，再抽血檢查維他命Ｄ血中濃度，若不足的話盡快補充，讓維他命Ｄ增加受孕率。

維他命D過低，子癲前症風險高

美國國家衛生研究院資助匹茲堡大學公共健康學院（University of Pittsburgh Graduate School of Public Health）進行研究，研究學者蒐集分析700位孕婦的血液，這些孕婦有一共通點，她們後來都罹患了子癲前症。

結果，2014年發表的研究成果指出，一旦孕婦在26週的懷孕期間缺乏維他命D，就會有很高的機率罹患嚴重的子癲前症，危及性命。但是，只要攝取充足的維他命D，就可以降低40％重病的機率（若不論維他命D的狀態，700位孕婦當中，罹患嚴重子癲前症的機率只有0.6％）。不過，這僅針對嚴重致命的子癲前症而言，他們無法證明維他命D和輕微的子癲前症有什麼關係。

而早在十年前，匹茲堡大學健康科學學院（Schools of the Health Sciences）就已發現，孕婦如果在懷孕早期缺乏維他命D，得到子癲前症的機率是一般孕婦的五倍。就算體內的維他命D只比標準低一點點，得到子癲前症的機率還是會提高50％。

而且，即使已經服用孕婦維他命，出現缺乏維他命D

的機會依舊很大，因為孕婦所需要的維他命D除了自身使
用，也要分給腹中的小孩，供孩子發育所用。天下的媽媽
都很辛苦，但我要提醒各位的是，目前尚未發現有效治療
子癲前症的方式，只能依靠婦產科醫師的密切觀察，有時
候患有子癲前症的孕婦還會在醫生即將引產時更加惡化，
所以我希望準媽媽們在懷孕期間要補充足量的維他命D。

什麼是子癲前症？

　　子癲前症又稱「妊娠毒血症」，如果孕婦出現蛋白尿、
嚴重水腫、嚴重頭痛、視力模糊、閃光、上腹疼痛、嘔吐這
七個症狀，那就要注意了，子癲前症會引發心臟、腎臟和肺
部衰竭、痙攣，還可能導致胎兒發育問題和早產，嚴重的話
會危及媽媽和小孩的性命。這類孕婦需要服用藥物，控制血
壓、防止抽筋，等血壓穩定後，妊娠毒血症會在分娩後慢慢
減退。

缺乏維他命 D，會影響胎兒的神經系統

　　許多研究證實，維他命 D 與大腦神經發育有關。因此，懷孕的婦女若平日沒有習慣用日晒方式獲取足夠的維他命 D，也不曾補充維他命 D，就很有可能在身體缺乏維他命 D 的狀態下，默默影響了胎兒發育中的神經系統。

　　專家學者認為，一旦媽媽體內缺乏維他命 D，小孩子在出生之前也會缺乏維他命 D，可能會改變大腦發育的狀況，增加神經傷害和減少神經的可塑性，包括記憶連結、學習記憶等等。

　　英國《衛報》曾經報導過，維他命 D 不足的孕婦生出來的孩子容易在 6 歲左右發展出自閉症狀。這項關聯性研究長期追蹤 4,200 名懷孕婦女與孩子的血液樣本，進而發現孕婦在懷孕 20 週時若缺乏維他命 D，產下的孩子在成長階段容易出現自閉症的症狀。

　　此外，已有自閉症症狀的兒童每日所需補充的維他命 D，要比一般兒童更多，就有研究指出，補充足量的維他命 D，可以讓五成以上的自閉症兒童在語言、認知功能與人際互動方面都有明顯的進步。

維他命Ｄ缺乏對孕婦的影響

維他命Ｄ缺乏和免疫細胞過度產生自體免疫抗體有關，這些抗體也可能會攻擊胚胎，甚至阻止胚胎著床。而2007至2010年間也有研究指出，缺乏維他命Ｄ和子癇前症、陰道炎、妊娠高血壓、糖尿病、早產等疾病有關。總合來說，缺乏維他命Ｄ對懷孕婦女可能造成以下影響：

1.增加剖腹產的機率：維他命Ｄ缺乏可能導致骨骼軟化症，懷孕婦女腰和腿的骨骼會產生疼痛感，骨盆易發生特異性變形，像是骨盆過小，導致難產，所以孕期要補充足夠的維他命Ｄ，有助於順產。

2.容易引發妊娠糖尿病：維他命Ｄ對於維持正常的血糖代謝有著重要的作用，是維持正常胰島素分泌和功能的重要因子。隨著孕期的進展，肚子變大，體重增加，懷孕婦女的胰島素阻抗會增加（和胎盤分泌的激素也有關），導致血糖升高，發生妊娠糖尿病。也就是說，懷孕婦女要是在懷孕早期或中期檢測出維他命Ｄ缺乏，就要小心孕期中期或晚期發生妊娠糖尿病哦！

3.增加陰道炎：缺乏維他命Ｄ會增加感染的機率，陰

道炎症狀大多是發出臭味或有灰白色的白帶，陰道有灼熱感、瘙癢，可能會造成不孕，影響胎兒發育，更可怕的是，還會增加早產的危險。

4.增加妊娠期高血壓風險：妊娠高血壓是妊娠期特有的疾病，萬一在懷孕時期合併高血壓，對孕婦是非常危險的。在懷孕20週之後，如果血壓的收縮壓大於140 mmHg或舒張壓大於90 mmHg，就可以稱為「妊娠高血壓」，嚴重的話會造成孕婦和胎兒嚴重的併發症，甚至死亡。因此，我建議懷孕時期補充維他命D，這麼做可以降低高血壓發生的機率，減少早產及胎兒出生體重過低的風險。

5.流產：在胚胎著床階段，如果孕婦缺乏維他命D，很可能會因為免疫失調而導致胚胎著床失敗，引發流產。

6.生出過敏寶寶：維他命D參與了人體免疫系統的調節，如果孕婦缺乏維他命D，就很容易生出過敏寶寶。

懷孕的媽咪特別容易缺乏維他命 D

懷孕婦女很容易有維他命D不足的問題，那是因為在孕期，媽媽的身體為了滿足胎兒骨骼生長和額外鈣的需求，維他命D的需求量會大量增加，容易發生維他命D缺乏的狀況。

缺乏維他命 D，你的免疫系統會叛變

都是月亮惹的禍……

曾經有位 28 歲的女生，因為腹痛到醫院急診求診，當時醫師懷疑她罹患盲腸炎，需要開刀，於是我到急診看她。

我一看到躺在急診病床上的她，就覺得她的臉有些微胖，很像傳說中的月亮臉。我壓一壓她的腹部，她就痛得哀哀叫，奇怪的是，經過檢測，她的白血球指數並不高。明明肚子會痛，白血球指數卻不高，讓我一度懷疑會不會不是盲腸炎，但因多數症狀皆符合，我還是建議她開刀治療，開完刀確認結果的確是盲腸炎。

這個女生其實以前並沒有在我們醫院看過病，因為一

些原因才來我們醫院治療。問診時，我問她病史，但她一直講不清楚狀況，直到她媽媽從南部趕上來，帶著她的病歷表，我才明白，原來是位自體免疫失調的病人，她一直都在吃類固醇藥物，這也解釋了為何急診時檢測白血球指數不高，因為藥物壓制了她的免疫力。

後來回診時，我建議她可以補充維他命 D，當時我還沒上電視節目，病人不像現在這麼信任我（人微言輕，可憐啊……），所以她和她媽媽聽了我的話，只覺得莫名奇妙，不明白為何要補充維他命 D。我告訴她們，維他命 D 可以幫助調節我們的免疫防禦機制，看能不能改善她類固醇用藥的問題，母女聽了半信半疑的回家了。

過了四個月，這對母女又回來找我，我當時心想，接受盲腸炎手術的患者怎麼會來找我回診，不知道發生什麼事。原來她們是特地回來謝謝我，我看到那女生的月亮臉消腫了很多，而且她告訴我：「醫師，我類固醇用藥的量現在只需要原來一半，不像以前需要吃大量的類固醇，發作次數也減少很多。」

她媽媽還說：「當時聽你講維他命 D，我們其實半信半疑，但因有家人在美國，詢問他們有沒有聽過維他命

Ｄ，結果美國的家人說，國外醫生也會請病人吃高單位的維他命Ｄ，這是很普遍的醫囑。所以我們也就放心的試試看，沒想到真的改善了許多。」她們非常感謝我，其實我也很想謝謝她們，我內心非常開心，因為我的所學能夠幫助她。

當我們的身體開始攻擊自己

你應該常常聽到一個名詞「自體免疫失調」，你知道什麼是自體免疫失調嗎？照理來說，免疫力應該是對身體有益的功能，就像身體的保全一樣，只要有細菌、病毒等外來物質入侵體內，免疫系統就能夠偵測到，幫助我們消滅敵人。可是，一旦免疫系統故障，自己人打起自己人，情況就不妙了。簡單來說，自體免疫失調就是我們的身體在進行一場自我攻擊的內戰。為什麼會這樣呢？

我們可能出於先天因素或後天影響，導致免疫力出現問題，免疫系統整個大亂，失去判斷能力，搞不清楚哪些是人體本身的細胞、哪些是外來物質，結果，不管是自己人還是敵人，免疫系統全都開槍掃射，造成身體正常的組

織細胞受傷、發炎，甚至損害體內的器官（可能只傷及一個器官，也可能同時傷及好幾個器官），這就是「自體免疫失調」。自體免疫失調主要分成兩種類型：

1.過敏：比較常見的過敏原是塵蟎、花粉、致敏食物（例如花生醬、螃蟹）等物質，導致身體的免疫系統過度反應，白血球產生大量的組織胺，引發各種過敏反應，例如皮膚起疹子、紅腫、搔癢、喘不過氣等等，常見疾病有蕁麻疹、異位性皮膚炎、皮膚疹、氣喘……。

2.免疫系統過度活躍：可能是因為遺傳，也可能是因為身體長期慢性發炎，導致免疫系統一再啟動，攻擊身體的組織細胞，結果器官和組織逐漸受損，失去正常功能，譬如紅斑性狼瘡、僵直性脊椎炎、類風溼性關節炎等疾病。

綜合來說，我們的免疫系統原本是負責守護身體的禁衛隊，可以幫助人體調節抗體，抵抗病菌侵入，防止生病。可是，現今的生活環境有太多的刺激因子，造成身體容易過敏、生病，逼迫免疫系統不斷啟動，加強防禦力，結果失控，不僅判斷失靈，還引起過度反應，誘發自體免疫疾病，或因失眠、壓力等影響身體自我調節的功能。

維他命Ｄ是調節免疫力的關鍵

我在第一章就提到，維他命Ｄ可以改善你的免疫力，並不是增強免疫力——免疫力過高或過低都不好，適中最好。有很多過敏的人補充維他命Ｄ之後病情得到改善，因為維他命Ｄ可以「調節」他們過強的免疫力。一些免疫力低下的人如果受到病菌感染，維他命Ｄ可以協助免疫系統殺菌。國外研究也已經發現，維他命Ｄ對於改善器官移植排斥有很大的幫助。

那麼，維他命Ｄ如何遏制我們體內瘋狂的免疫細胞，讓免疫功能趨於正常？

我們體內的免疫細胞大多有維他命Ｄ的受體，這些受體負責和維他命Ｄ發生相互作用，就像天線一樣，接收維他命Ｄ的指令，啟動免疫細胞的防禦功能。一旦外來的病原體入侵，我們的免疫細胞就會加強天線接收訊號的能力，加緊尋找維他命Ｄ，好讓免疫系統活躍起來，對外來物展開攻擊。如果免疫細胞在血液中找不到足夠的維他命Ｄ，它們可能就不會積極抵抗病原體，我們的免疫力就會降低。

換句話說，血中維他命D濃度不足，身體在遇到外來物攻擊時，免疫系統啟動的速度就會變慢。萬一這個外來物是細菌，那你得到敗血症的機率就會大大增加。所以，讓免疫細胞正常運作，是維他命D很重要的工作。

2010年，卡司坦‧蓋思勒（Carsten Geisler）將他在丹麥率領的研究結果發表在《自然免疫》（*Nature Immunology*）期刊上。根據這篇研究報告，在啟動人體免疫系統的防禦機制時，維他命D扮演關鍵的角色。他們還發現，一旦缺乏維他命D，免疫系統的殺手「T細胞」就會失去戰鬥力，無法對抗體內致命的感染。因此，充足的維他命D可以幫助我們抵抗傳染病和全球流行病。這項發現意義重大，未來研發新疫苗時也許可以派上用場。

你可曾想過？為什麼這些疫苗能精確抵抗疾病？其實背後的原理很簡單，疫苗就是用減弱或死掉的病毒或細菌的某個部分來誘發我們的免疫力，如果你此時體內維他命D充足，疫苗就可以有效訓練我們的免疫系統作出反應，精確的攻擊病原體。

那麼，如何讓我們的免疫細胞精準的作出反應，保護身體免受病毒或細菌傷害呢？首先，你得讓身體的免疫細

胞暴露在外來病原體的痕跡中，免疫細胞接受維他命Ｄ的刺激之後就會活化，這些成功活化的免疫細胞會轉變成第二類免疫細胞的其中一種，除了變成殺手細胞外，還會轉變成協助免疫系統獲得「記憶」的細胞。於是，免疫系統就能記住這些病原體，下一次再與同樣的病原體狹路相逢時，我們的身體就可以馬上找到抵抗感染的「資訊」。

■補足維他命Ｄ，擺脫自體免疫疾病

根據健保署統計，自2006年至2015年期間因自體免疫疾病申報健保的人數中看得出來，中年女性常罹患的類風溼性關節炎成長近57％，而好發於年輕女性的紅斑性狼瘡則增加近49％。

愈來愈多人飽受自體免疫疾病之苦，他們發病後，不只要忍受身體的不適與疼痛，日常的生活和工作也都會脫離常軌，導致身心備受折磨。因此，如何改善免疫力，就成了非常關鍵的問題。此時，維他命Ｄ就能發揮「神救援」的作用了。

■大人與小孩的過敏問題

基隆地區由於天氣陰溼多雨，日照時數較少，當地人不容易透過日晒獲得維他命Ｄ。因此，2007年，長庚醫院展開研究，發現在1,315位5～8歲的學童當中，有51％的學童血液中的維他命Ｄ濃度小於20 ng/ml，體內的維他命Ｄ顯然不足。

除了學童之外，臺灣的嬰幼兒往往也缺乏維他命Ｄ。即使是在中南部等陽光充足的地區，情況也沒有改善，因為臺灣人很少讓嬰幼兒晒太陽。

一旦缺乏維他命Ｄ，很容易造成異位性皮膚炎、過敏性鼻炎、氣喘等過敏疾病。

紐約愛因斯坦醫學院（Albert Einstein College of Medicine）的研究學者根據全國健康與營養體檢調查（National Health and Nutrition Examination Survey）的資料，檢視超過3,100名孩童及青少年、3,400名成人的血中維他命Ｄ濃度數據，發現維他命Ｄ濃度太低與過敏的發病機率提高有關。他們還檢測了17種過敏原，結果其中有11種過敏反應和維他命Ｄ缺乏有關，包括對環境的過敏（例如豚草、橡樹、狗、蟑螂）與對食物的過敏（例如花

生）。比方說，維他命D缺乏（少於15 ng/ml）的孩子和維他命D充足（超過30 ng/ml）的孩子相較之下，前者對花生過敏的機率是後者的2.4倍。

儘管這項研究只能顯示出維他命D與過敏的關聯性，無法證明維他命D缺乏會導致孩童過敏，但從數據來看，兩者息息相關，因此，學者還是建議孩童應該補充足夠的維他命D。

我希望大家務必記住，免疫力的重點是平衡，太多或太少都不好。所以我請大家補充維他命D，主要作用就是提高免疫系統的殺菌力，防止感染，並調控免疫系統，預防自體免疫疾病，以及過敏、氣喘、異位性皮膚炎等病。

■嬰幼兒的肺活量不足與呼吸道感染

目前有愈來愈多的研究顯示，孕婦在懷孕期間缺乏維他命D，和嬰幼兒罹患氣喘與過敏性疾病有關，比如說異位性皮膚炎。如果媽媽體內維他命D不足，還會阻礙胎兒肺部發育，導致胎兒出生後肺活量不足。

另外，也有研究發現，從臍帶血中維他命D的濃度高低，可以預測小孩子的免疫系統情況。哈佛大學的卡

洛斯・卡馬哥（Carlos Camargo）醫師和紐西蘭的研究團
隊合作，分析922名新生兒滿3個月到15個月大期間的病
史，之後每年都替這些孩子進行健康檢查，直到滿5歲為
止。結果發現，臍帶血中維他命D的濃度愈低，孩子在嬰
兒時期發生呼吸道感染的風險就愈高，而且童年時期罹患
氣喘的機率也愈大。

■ 橫掃全球的氣喘

　　氣喘是一種常見的慢性疾病，全球有三億人深受其
害。究竟要如何擺脫這種痛苦呢？

　　根據中央社2016年的報導，非營利組織考科藍（The
Cochrane）的研究團隊分析七項臨床實驗（受試者有435
位孩童）及兩項研究（658名成人參與實驗），這些受試
者的背景均不同，包括加拿大、印度、日本、波蘭、英國
與美國。絕大多數人都患有輕微到中度的氣喘，只有少數
人病情嚴重。大部分人在研究進行期間繼續接受平常的氣
喘治療，並未中斷療程。

　　經過六個月到一年的研究之後，研究團隊發現，當氣
喘患者服用維他命D，需要緊急送醫治療的機率從6％降

到3％；而且，需要接受類固醇治療的氣喘患者，在服用維他命Ｄ之後，發作的機率也降低了。

　　儘管這項研究也發現，維他命Ｄ無法改善肺功能，對於日常的氣喘症狀也沒有助益，但帶領研究的教授阿德里安・馬丁內諾（Adrian Martineau）建議，氣喘患者在接受正規療法的同時，應該搭配維他命Ｄ。

■ 預防感冒

　　我一直告訴大家一件事，維他命Ｄ幾乎作用在所有免疫系統中的細胞，所以當免疫細胞受到細菌感染的刺激時，免疫細胞就會增加維他命Ｄ的接受器，去搜尋維他命Ｄ，進而產生抵抗細菌的物質。但抗感冒？你一定會想是真的假的？有沒有這麼神？

　　耶魯大學曾在格林威治醫院（Greenwich Hospital）進行研究，詹姆斯・薩貝塔（James R. Sabetta）醫師帶領研究團隊，觀察195名健康的成人每個月的血中維他命Ｄ濃度，結果發現，體內維他命Ｄ含量低於38 ng/ml的人，罹患急性呼吸道感染（亦即感冒與流感）的機率是兩倍。在研究中，他們讓18名受試者體內的維他命Ｄ含量維持38

ng/ml 以上，其中 15 人完全沒有罹患感冒和流感。而另外 180 名持續低於 38 ng/ml 的受試者當中，有 81 人得了感冒和流感。

感冒與流感看似小病，其實愈來愈不容小覷。根據《英國醫學期刊》（*BMJ, British Medical Journal*）2017 年刊登的研究報告，2013 年全球約有 265 萬人死於急性呼吸道感染。這份報告綜合分析了一些研究數據（總共 11,321 名受試者參與，年紀從 0 到 95 歲都有），發現每天或每週補充維他命 D 的人，較不容易得到急性呼吸道感染，而且維他命 D 的保護效果顯著。

至於在臺灣，按照 2015 年的尼爾森調查結果，臺灣人花了將近 20 億元購買感冒成藥，可見感冒是多常見的疾病。與其生病之後再吃藥，不如平時就好好補充維他命 D，預防感冒。

第三章

維他命 D 是對抗癌症的祕密武器

癌症其實是一種發炎疾病

維他命D影響癌症的患病風險及存活率

愈來愈多證據顯示，維他命D在預防疾病和保持健康方面發揮關鍵的作用。我們的身體有約3萬個基因，維他命D可以影響超過3千個基因表現，以及身體細胞的各種訊號傳遞。

你們有沒有吃過烤番薯，烤番薯是不是要慢慢悶熟，直到熟透變軟？烤番薯確實很好吃，但是，如果身體慢性發炎，那就不好玩了。你想嘛，這就像我們的身體時不時都有一把小火在燒，直到把你的器官燃燒殆盡。

原本身體發炎是為了保護我們，藉著發炎讓細胞凋亡，修復我們的器官。可是，一旦器官恢復的速度趕不上

發炎的破壞速度，這時候就會有一種類似「纖維母細胞」的細胞來取代，而這些纖維母細胞無法發揮正常細胞的作用。我們都知道，人體的最小單位是細胞，當細胞受到破壞，會啟動修復機制，反覆的破壞及修復，一旦有一次沒有處理好，就會開始形成癌細胞。所以，癌症就是慢性發炎之後引起的重大疾病（這是原因之一）。

事實上，我們身體裡的癌細胞與脂肪細胞長得很像。肥胖不是福，因為肥胖的人本身是發炎體質，比一般人更容易罹患癌症。美國安德森治癌中心腫瘤生物學博士顏榮郎醫師在其著作《抗癌就像減肥》中指出：「抗癌就像減肥……肥胖其實是一種生活病，因飲食或生活習慣異常，導致慢性發炎而造成；癌症亦同，不當的飲食或生活習慣，會導致體內發炎與免疫力減弱，而且刺激癌細胞生長，讓其有機會發展成具有侵略力的腫瘤，或加重惡化。」

眾多的研究都指出，發炎反應是我們身體原本的免疫細胞所造成，這些免疫細胞會釋放發炎激素，而發炎激素會促進腫瘤的生長，還會造成癌症轉移。而抑制發炎正是維他命D重要的作用之一，目前已有許多專家學者認為，

調整血中維他命Ｄ濃度，可降低癌症風險多達60％，有助於預防至少16種不同類型的癌症，包括胰腺癌、肺癌、卵巢癌、前列腺癌、皮膚癌等等（關於這點，很多不同的研究有不同的結論，但大方向是如此）。

癌症不是末日

記得有一位五十多歲的中年人來找我看診，隨行的還有他太太和女兒。一開始我不知道他要幹嘛，因為他一坐下來就說他的病是肺癌第四期，那時我心想：「老兄，你嘛幫幫忙，你是不是應該去看胸腔科或腫瘤科。而且你看起來精神超好，一點都不像癌末病患。」

他接著說：「江醫師，你一定不相信，兩個月前我還躺在床上不能動彈。這兩個月來，我其他的治療方式都沒變，只有看了你的節目後開始吃維他命Ｄ。今天是來找你測維他命Ｄ濃度，順便看看怎麼調整劑量。」

因為他還在接受其他治療，包括化療，他自己也吃很多其他抗癌營養食品，所以我告訴他：「這不一定是維他命Ｄ的效果，但應該有些助益，只是你正規的治療絕不

能停。」她太太在旁邊一直很激動，不停的說她看著先生
從躺在床上不能動彈到現在行動自如，非常感謝我。我
其實有點不好意思，畢竟這又不一定是我的功勞。我必
須強調：「一定要繼續接受正規治療，目前維他命 D 只是
輔助，不要把它神化了。」不論如何，還是恭喜他戰勝癌
症，如果真的是維他命 D 幫上了忙，那我真是與有榮焉，
對如此堅強抗癌的病人，我只能給一個讚，加油，未來的
路還很長。

促進癌細胞死亡的
抗癌明星維他命 D

　　在說明維他命 D 抗癌的作用前，我必須再次強調一件事：維他命 D 只能輔助我們抗癌，不能靠它來治療癌症（暫時是如此）。如果你是癌症病人，我希望你還是要接受所有的正規治療，並不是說吃維他命 D 癌症就會痊癒，這是兩碼子事。

　　一直以來，大家最有興趣的主題是癌症，而在我的粉絲團，大家問最多的也是癌症問題，尤其是維他命 D 和癌症之間的關聯。我研究維他命 D 抗癌已經十年了，發表了數十篇論文，對這個領域特別關心，希望借助維他命 D 的力量，讓癌症患者在對抗病魔時，擺脫被動挨打的處境，主動為自己出擊，增加戰鬥力。

橫掃病魔的尖兵——維他命 D

正如波士頓大學醫學中心的麥克・哈立克博士在其著作《健康是曬出來的》（*The Vitamin D Solution*）中所言：「如果我非得要提供你一個祕方，適用於預防及治療諸多病症，像是心臟病、一般癌症、中風、從肺結核到流感之類的傳染病、第一型及第二型糖尿病、失智症、憂鬱症、失眠、肌肉無力、關節疼痛、纖維肌痛症、骨性關節炎、類風溼性關節炎、骨質疏鬆症、牛皮癬、多發性硬化症、高血壓等等，這個祕方就是：維他命 D。」

你可能會覺得奇怪，不過就一種維他命，怎麼會和那麼多種病症扯上關係？根據哈立克博士的研究，這是因為「你身體裡的每個組織和細胞，都有維他命 D 的受體……那些具維他命 D 受體的細胞裡面有各式各樣的基因，可以藉著活性維他命 D 來打開或關閉。這些基因控制細胞的生長，可以誘導惡性細胞轉為正常或乾脆死亡。因此，維他命 D 可以有效地控制一個細胞是否變成癌細胞」。

也就是說，維他命 D 這種荷爾蒙（再一次強調它是一種荷爾蒙）幾乎可以影響所有身體細胞的功能，在新陳代

謝、肌肉系統、心臟系統、免疫系統與神經系統都扮演核心的角色，還可調控體內發炎症狀。目前有很多研究都發現，只要提高血中的維他命D濃度，就可預防與協助治療病痛。而在癌細胞中，維他命D可促進癌細胞的凋亡，達到抑制癌細胞生長的作用。

江醫師問診室

病患：我是有肝癌史的病人，想每天補充維他命D，避免再發。請問江醫師，應該補充多少單位的維他命D，才不至於過量呢？

江醫師：你必須檢測血中濃度，因為每個人的日晒程度、飲食習慣不同，體質吸收程度也不同，所以要測血中維他命D濃度，才能比較準確的判斷要補充多少單位的維他命D才足夠，又不至於過量。

促進癌細胞死亡的抗癌明星維他命 D

維他命 D 可以防癌、抗發炎

補充維他命D，可預防多種癌症

　　我在前面章節提到，維他命D有調節免疫力、抗發炎、抑制血管新生的作用，我們身體大大小小的疾病很多都是來自慢性發炎，就連癌細胞也不例外。研究證實，維他命D能有效抑制細胞過度增生及不當分化，有助於預防癌症。

　　由於愈來愈多研究顯示維他命D會影響罹癌的風險，世界衛生組織國際癌症研究機構（IARC）還為此成立專門的研究團隊，並於2008年發表報告〈維他命D與癌症〉（Vitamin D and Cancer），指出維他命D缺乏很可能會提高罹患大腸直腸癌的風險。美國國家衛生研究院（NIH）的

報告也指出，血中維他命D濃度最低的四分之一女性，和最高的四分之一女性，罹患乳癌的機率相差五倍。

另外，在一項研究中，血中維他命D平均濃度最高的結腸癌患者，他們的死亡率是平均濃度最低的患者一半。這項數據代表，即使你已經得到這些癌症，只要提高你血中的維他命D濃度，就可能降低死亡率。

除此之外，還有許多研究都一再證明維他命D具有預防各種癌症的驚人力量。譬如《紐約時報》2015年就曾報導醫學期刊《內臟》（Gut）雜誌刊登的研究報告：研究人員找來318名結腸癌患者，與另一組共624人的對照組一起比對分析，結果發現，血中維他命D濃度愈高的人，得到結腸癌的機率就愈低。他們認為這是因為維他命D和免疫系統攜手合作，降低得到惡性腫瘤的機率。

關於維他命D與癌症的研究，我在長庚醫院曾以小白鼠進行動物實驗，經過34週的追蹤，結果顯示維他命D最充足的小白鼠，腫瘤幾乎停止生長，而愈是缺乏維他命D的小白鼠，腫瘤生長速度愈快，高出一倍以上。由此證實，維他命D的濃度高低，與腫瘤生長的速度確實有關。

我們已經知道維他命D有這些抗癌作用：促進癌細胞

凋亡、阻止癌細胞增生及轉移、抑制血管新生、緩解發炎反應，不論是從學理來看，或是從臨床研究來看，攝取適量的維他命 D 確實有助於預防癌症的發生，尤其是大腸直腸癌、乳癌、卵巢癌、肺癌、胰臟癌、攝護腺癌。根據 2016 年《早安健康》的報導，我們體內的維他命 D 濃度每增加 10 ng/ml，罹癌機率就會降低 17%，癌症患者的死亡率也會降低 29%（很多研究有不同的數據）。

　　所以，你不妨想像一下，如果我們體內的維他命 D 都有一定的含量，這對於癌症會產生多驚人的影響，可以預防多少癌症、減慢多少惡性腫瘤的生長。我真的希望大家愈來愈清楚維他命 D 的重要性，人人重視維他命 D 的那一天儘早到來。

維他命Ｄ可以防癌、抗發炎

太陽晒得夠，癌症
存活率就會提高？

　　美國國家癌症研究所、《癌症期刊》、哈佛大學等許多研究報告都發現，陽光與癌症發生率、死亡率之間息息相關。顯然，在陽光充足的地方，不僅罹患癌症的機率偏低，而且，有些癌症患者的死亡率相對低很多，尤其是大腸癌、乳腺癌。

　　《臺灣醫界》雜誌2016年也曾報導，血中維他命D濃度高的癌症患者，死亡率明顯低於維他命D濃度低的患者。研究學者觀察乳癌、大腸癌、攝護腺癌三種癌症的患者，發現死亡率分別降低了72％、48％、84％。還有一篇統合分析研究報告，追蹤了846,412名年紀介於59～71歲之間的癌症患者六年，得到的數據也支持上述論點。

　　其實不只癌症，早在1993年，就已發現陽光對165種

疾病具有療效。丹麥醫師尼爾斯‧呂貝里‧芬森（Niels Ryberg Finsen）正是因為運用陽光來治療疾病，而拿下1903年的諾貝爾醫學獎。過往大家都只發現陽光對疾病的療效，直到後來，才注意到維他命D發揮的作用，開始針對這其中的關聯性進行研究。

根據美國國家科學院（National Academy of Sciences）的研究報告，住在赤道附近的人血液中的維他命D含量明顯高於其他地方，舉例來說，比英國人高出3.4倍，比北歐的斯堪地那維亞人高出4.8倍。而且，他們繼續深入分析，希望釐清居住地陽光是否充足，對癌症存活率有沒有影響。結果，靠近赤道的國家，跟日照短的北歐國家相比，前者的癌症存活率顯然高出許多。若從結腸癌、肺癌、乳腺癌和前列腺癌的存活率來分析，澳洲的癌症病人比北歐的癌症病人高出20％～50％，這可是非常高的數據。

所以，我老是說，不要防晒過頭了，適度晒點太陽，對身體還是有好處的。

晒太陽可抗癌兼減肥

而且，你知道嗎？晒太陽除了抗癌，還可以減肥。你沒有聽錯，我們都知道，肥胖是導致許多疾病的高危險因素，癌症當然也是其中之一。我們身上的肥肉就像惡性腫瘤生長的溫床，對身體健康百害而無一利。

那晒太陽跟減肥有什麼關係？關係可大了，陽光中的紫外線會促進人體的新陳代謝，而且日本研究發現，人體細胞有一種蛋白質「BMAL1」，晚上會增加，白天晒太陽時就會減少，當它減少的時候，我們的身體就不容易囤積脂肪（因此晚上吃東西更容易變胖）。所以，晒太陽好處多多，可以防癌兼減肥。

講了這麼多，你可能會開始想：「那我是不是要晒很多太陽？」事實上，我們只要趁中午日正當中的時候，讓臉和手臂晒個十五分鐘太陽，我們身體合成的維他命Ｄ，就已經達到我們一天需要的量了，多晒合成的維他命Ｄ會被轉成另一種物質。所以，凡事適度就好，不要防晒過度，浪費上天賜給我們的免費療癒力量；也不要卯起來晒過頭，那只會增加皺紋、提高罹患皮膚癌的機率而已。

細胞可自行活化
維他命 D

維他命D的生成與消失

美國維他命D之父哈立克教授在1988年的研究中證明，人體細胞可以自行合成活性維他命D，這是因為每組細胞都有自己的酶促機制。

在實驗中，他們將正常的攝護腺細胞曝露於25（OH）維他命D之中，結果細胞自己把25（OH）維他命D轉換成活性維他命D。然後，他們又讓攝護腺癌細胞接觸25（OH）維他命D，依照癌細胞正常的狀態，癌細胞會不斷的再生，長到無法收拾的狀況，結果癌細胞竟然也開始把25（OH）維他命D轉換成活性維他命D，並開始停止生長。此外，他們還發現這類的酶促機制同時也存在於大

腸、乳腺、肺臟及大腦之中。

　　所以，腎臟病人即使沒有腎臟，也可以由體內的其他組織和細胞來活化維他命 D。自然界真的很有趣，我們細胞自行活化的維他命 D，可以幫我們調節體內細胞生長及控制細胞不同功能的基因，像在胰臟中合成胰島素，並且控管腎臟合成腎素荷爾蒙的過程。

　　完成這些過程，活性維他命 D 就會啟動 25（OH）維他命 D–24– 烴化酶。簡單來說，當這些活性維他命 D 在細胞發揮完應有的作用之後，這種酶就會迅速破壞活性維他命 D。這是身體的調節作用，確保活性維他命 D 作用完畢即消失，所以，維他命 D 中毒不是那麼容易的事。

有時維他命 D 對癌症也沒轍

　　但是，除了維他命 D 不足這項原因以外，還有很多引發癌症的病因。癌細胞最讓人討厭的地方就是，它們會自己變異來適應環境（像恐龍一樣）。有些癌細胞的維他命 D 接受體很少，就會對維他命 D 比較不敏感，有些癌細胞代謝維他命 D 非常快，所以維他命 D 對它們就會沒什麼效

果。這也是為什麼我強調一定要接受正規治療，不能單靠維他命Ｄ。

　　簡單來說，癌症是細胞在增生、分化的過程中產生問題，導致不正常的細胞分裂（產生我們所說的癌細胞），然後癌症就接著發生了。之前我提到，維他命Ｄ可以在每個細胞上產生作用，當維他命Ｄ的濃度愈低時，癌症悄悄形成的機率就會愈高。所以，即使在對抗癌細胞的攻防戰中，維他命Ｄ不見得能百發百中，但至少能為身體增加一點健康的本錢，提高戰鬥力。

細胞可自行活化維他命 D

六成的乳腺癌都和女性內分泌失調有關

肥肉是癌細胞的溫床

大家應該都知道，無論男女都有可能罹患乳癌，只是以女性居多。你也可能早已知道，乳癌是臺灣女性癌症的第一名。女性朋友應該還聽過，60％的乳癌都和女性荷爾蒙失調有關。那麼，不曉得大家知不知道，不要過胖才是防癌的關鍵？

很多人都覺得中年發福是很自然的事，尤其以往沒有大吃大喝習慣的人，更容易體會到什麼叫「人過中年，光喝水也會胖」（如果說只呼吸也會胖，那就太誇張了）。一般人都會把自己日益「中廣」的身材歸咎到新陳代謝下降、飲食太好或久坐少運動等，將身材走樣視為年紀大的

「正常衰老」發展,有的人因為難以減重,乾脆直接面對命運,坦言放棄。如前所言,肥胖會造成發炎體質,而發炎就是很多癌症早期形成的一個重要原因。

但很多女性可能不知道,中年停經後,女性荷爾蒙的缺乏會讓女性平均每一年胖0.5公斤,如果不運動和節制飲食,體重很快就會達到危險指標,乳癌當然也就悄然而至。

維他命D可以緩解化療副作用

我記得有一位乳癌的病人,她來找我時,已經接受了三次化療的療程。這三次化療讓她痛不欲生,無法再堅持化療,希望嘗試不同的另類療法。我當時心想:「妳是把我當成密醫嗎?我是正規的西醫好嗎⋯⋯我還是會請妳接受正規治療的呀。」

於是,我當下就直接告訴她:「妳是希望我跟妳講什麼?我知道,妳就是希望我告訴妳,妳不需要化療,只要吃一些草藥或接受其他另類療法,病情就會受到控制。很抱歉,我不會告訴妳這些,我還是希望妳接受化療,但化

療的劑量可以改變，這些都可以討論，我們可以一起找出一些方法，幫助妳改善這些療程，減輕化療的副作用，讓化療產生更有效的作用，但無法完全符合妳不想接受化療的願望。」

後來，那位病人決定和我一起合作抗癌，我當時把她血中維他命 D 拉高到適當的濃度。等她回診時，我再追蹤她的狀況，問她化療的過程感覺如何。結果，隨著每次回診，都有一定的改善。但我還是不放心，仔細查看她接受施打的化療藥物與劑量，和之前並無太大差別，畢竟對乳癌有效的藥就是那幾種，萬變不離其宗。

記得我當時問她：「如果化療副作用是十分，妳現在的感覺是幾分？」她告訴我大概只剩下四、五分左右，她可以接受這樣的副作用。後來，在整個抗癌過程中，她的腫瘤消失了大概 2/3，剩下大概 1/3。到現在第三年了，她的病情都還維持很穩定的狀態。她能像這樣與癌症和平共處，也可能是因為看到我，對我有信心，願意一起努力。畢竟人感到安心，病就好了一大半（哈哈，我一向自我感覺良好）。

維他命 D 對乳癌存活率的影響

我們都知道，女性荷爾蒙過量會增加乳癌的風險，建議長時間待在室內的女性可以適度到戶外運動，降低罹患乳癌的風險，因為許多癌症研究報告早已證實，維他命 D 的功能有助於乳癌的預防及治療。

目前許多相關研究皆發現，維他命 D 對於乳癌治療有助益。大多數專家學者認為，體內維他命 D 濃度較高的乳腺癌患者，跟維他命 D 濃度較低的乳腺癌患者相比，前者的死亡率低 37％。因此，專家學者才會認為，補充適量的維他命 D，可以輔助乳癌治療。

而在我自己的研究中，維他命 D 對乳癌細胞的生長及轉移都有很強的抑制作用。事實上，大部分的乳癌病人是死於癌症轉移。即使現代醫學很進步，新化療藥物也日新月異，很多標靶藥物也被開發出來治療乳癌，但許多比較後期的乳癌病人還是免不了發生癌症轉移，造成死亡。而維他命 D 在這方面就可以結合現代的治療方法，改善病人的存活率。

維他命 D 有助於預防乳癌

乳癌是臺灣女性癌症發生率最高的癌症，根據統計，跟幾十年前相比，如今罹患乳癌的人數快多出了三倍，罹患乳癌的患者也愈來愈年輕，跟國外的患者相比之下，臺灣乳癌病人的平均年齡少了 10 歲，而停經前女性罹患乳癌的機率也比國外高。

國防醫學院公共衛生學系教授李美璇曾分析三軍總醫院的資料，她計算 200 名乳癌患者透過飲食攝取了多少維他命 D，並成立另一組對照組，同樣分析他們飲食中的維他命 D 攝取量。結果發現，乳癌病患這一組攝取的維他命 D 較少；而且，光看停經前後的影響，停經前補充足夠的維他命 D，比停經後才補充更有效。

我前面也提到，有些維他命 D 會儲存在我們的脂肪內，太過肥胖也會影響血液中維他命 D 的濃度，再加上肥胖就代表身體已經處於發炎狀態了，所以，若能讓體重保持正常，同時攝取維他命 D，預防乳癌的效果才會更明顯。

健康研究室：維他命 D 抗乳癌策略

根據衛福部國民健康署的癌症登記年報統計，2015年，在所有惡性腫瘤中，女性及男性罹患乳房惡性腫瘤的機率占11.75％及0.04％，而女性及男性因乳房惡性腫瘤而死亡的人數則占4.57％及0.02％。若以發生率的排名來看，女性為第1位、男性為第34位；至於死亡率的排名，則是女性為第4位、男性為第37位。

臺灣癌症基金會網站發表的〈維他命D和乳癌預後之相關性〉一文中，提到一項在美國臨床腫瘤醫學會的年會上發表的研究結果，多倫多大學教授暨西奈山醫院乳腺中心主任帕蜜拉·古德溫（Pamela Goodwin）追蹤512位乳癌病人長達12年，她帶領的研究小組測試病人血液中的維他命D濃度，發現維他命D缺乏的人大約占了38％，維他命D不足的人則是39％，維他命D充足的人有24％左右。而維他命D缺乏的人和維他命D充足的人相比之下，前者的死亡率高出73％。這項數據顯示，乳癌病人血液中維他命D濃度可能和預後的關係成正比，也就是說，血中的維他命D濃度愈充足，預後可能會比較好。

癌症病人補充維他命 D 的時間和份量

目前研究顯示，很多癌症病患血中維他命 D 濃度都很低。按照這個道理來反推，只要罹患癌症，似乎都應該補充維他命 D。

雖然身體可以透過日晒或飲食攝取維他命 D，但這兩種方法取得的量都不夠我們用，所以，我才會建議大家服用維他命 D，替身體補充足夠的量，才能與癌症病魔抗衡。

看到這裡，你是不是心想：「那我只要每天吃定量的維他命 D 就好啦！」錯！重點在於血中的維他命 D 濃度，我一直強調，每種癌症可能需要的維他命 D 預防濃度並不一樣。因此，我們很難建議標準的維他命 D 補充量，畢竟每個人的吸收不一樣，代謝也不一樣，確實要補充多少，

真的很難給大家最好的建議。

所以，很多癌症病人一看到我就問：「應該什麼時候開始補充維他命 D ？補充多少才夠？」我每次都說，從確診是癌症的那一天起就要開始補充了，請從 2000 IU 起跳，化療期間絕對不要停止補充。我會先叫患者回家吃 2000 ～ 3000 單位的維他命 D，吃兩、三個月之後來抽血，再決定後續要吃多少。

所以，在此呼籲，未來想來找我看診的人，請你先吃一陣子的維他命 D，再來找我，不然會浪費你的時間（當然，如果你是想順便來合照的話，那就例外）。

研究早已證實，維他命 D 會增加很多化療藥物的效果，同時還可能降低一些化療藥物的副作用，而且可減少癌症惡體質發生的機率。即使你的癌症療程已經結束，還是要繼續吃維他命 D，因為你要利用維他命 D 來預防癌症復發。癌症是慢性病，所以你要吃一輩子。

或許你還會想問：「服用維他命 D 多久之後，體內的維他命 D 濃度才會增加？」答案是不確定，因為每個人的日晒程度、飲食習慣不同，體質吸收程度也不同，一般建議服用 6 ～ 8 週後再來測血清中維他命 D 濃度，才能較準

確地判斷要補充多少單位的維他命Ｄ才足夠、又不至於過量。

　　根據美國研究，成年人每天吃 1000 IU 的維他命Ｄ，過了五、六個星期，血中維他命Ｄ濃度到達巔峰值之後回歸正常，不用擔心過高的問題。而美國哈立克博士就曾經讓病人每星期攝取 50000 IU 的維他命Ｄ，持續八星期就會達到穩定值。

　　如果是化療期間的患者，我會建議每日補充 2000 ～ 3000 單位的維他命Ｄ與一顆綜合維他命，吃了兩、三個月之後，再來抽血檢測血中維他命Ｄ濃度，決定後續所要服用的維他命Ｄ份量。

乳癌病人小心
骨質疏鬆

　　很多電影或電視劇在描寫癌症化療的副作用時，常
讓角色掉光頭髮，然後戴著毛帽掩飾光頭，或讓角色臉色
蒼白、虛弱無力，動不動就嘔吐、昏倒，搞得現實生活中
許多病患一想到化療產生的副作用，就心生恐懼，退縮不
前，說不定本來沒有嘔吐的副作用，都因為心理作用而覺
得想吐。我有很多病人還因此寧願去求偏方，不肯接受正
規的化療。因為戲劇效果，大家只注意到那些副作用，往
往忽略了還有一個副作用也會影響病人，甚至造成傷害，
那就是「骨質疏鬆症」。

　　首先，正常來說，雌激素是維持一般女性骨骼的重要
荷爾蒙，當女性邁入中年停經後，雌激素下降，造成鈣質
大量流失，骨質密度就會開始疏鬆。而對患有乳癌的女性

來說，可能因用藥讓卵巢休眠、使用芳香環酶抑制劑或接受化學治療、放射治療等因素，而造成提前停經，雌激素降太低，這對病患實在是雪上加霜。試想一下，當虛弱無力的病人因為骨頭強度減弱，只要輕微的碰撞或不小心跌倒，都有可能引起骨折。萬一病情又演變成癌症骨轉移，更可能導致脊椎骨發生壓迫性骨折，或壓迫到局部組織，導致某種功能障礙等。

由於維他命D可以幫助細胞吸收鈣質，避免因新陳代謝而流失，也可以幫助鈣質儲存在骨骼裡，增加骨頭強度。因此，為了預防乳癌病人出現骨質疏鬆症的副作用，我建議定期追蹤骨質密度，並補充足夠的維他命D。不過，由於維他命D容易被儲存在脂肪內，因此若身材肥胖，也會對血液中維他命D的濃度產生影響（其實就是要你減肥啦）。

癌症病人如何
補充營養？

　　其實很多癌症病人的死因並不是癌症本身，而是癌症造成的營養不良，導致病人的體重下降，肌肉量變少，我們稱為「癌症的惡體質」。

　　至於為什麼會導致惡體質，有很多理論。我們先說為什麼惡體質會害癌症病人死掉，因為惡體質會讓病人的體力變得太弱，醫生被迫調降化療的劑量，當然會影響整體的療效。另外，惡體質讓病人在治療期間免疫力變低，容易因感染而死亡。惡體質也會讓病人肌肉量變少，只要稍微撞一下就骨折，造成病人需要臥床，而躺在床上休養很容易產生併發症。

　　所以，抗癌期間一定要注重營養的補充，那種所謂「餓死癌細胞」的理論是絕對行不通的，癌細胞之所以長

那麼快，就是它比正常細胞更會搶營養，你想餓死它，你絕對會先死。

那麼，營養要如何補充？只要了解癌細胞怎麼獲取營養，你就知道答案了。癌細胞會分解體內的蛋白質和脂肪來獲取能量（主要是肌肉的蛋白質），還會讓肝臟一直製造肝醣，又會影響胰島素的功能，所以會造成病人血糖升高。一旦了解這個原理，你就會知道該如何讓癌症病人補充營養。

三大原則：低糖、優脂、高蛋白

首先，因為蛋白質被分解，所以要補充大量的蛋白質來維持病人的肌肉量；同時，化療會降低白血球，也需要蛋白質來讓白血球增生。而身體的脂肪被分解，一部分被癌細胞利用，一部分會產生很多發炎的脂肪酸，造成病人處於慢性發炎的狀態，因而精神不佳，食欲不振，所以要補充優良的脂肪，我建議多補充n-3脂肪，例如魚油中就富含n-3脂肪（維他命D可以抗發炎，所以對癌症惡體質有一定的抑制作用）。另外，因為癌細胞造成血糖一直升

高，補充營養時一定要注意低糖的要求。整體來說，癌症病人補充營養，主要依據三大原則，就是低糖、優脂和高蛋白。

　　對抗癌症需要長期抗戰，而打仗的士兵需要良好的營養補給才會有體力，很多病人和家屬在抗癌的過程中都忽略了這一點，真的很可惜。了解惡體質之後，千萬不要再讓癌症病人瘦巴巴的去抗癌了。

第四章

重建體內的
維他命 D 含量

你缺 D 了嗎？

　　2009年衛福部公布的「國民營養健康狀況變遷調查」顯示，19～65歲的臺灣人中，有66.2％的人維他命D不足。但我在長庚醫院看診時，卻發現絕大多數人都不知道自己缺乏維他命D。

　　我推論可能是跟現代人不愛出門又喜歡防晒有關，而且，現在的小朋友愛美白又在乎身材，很早就開始減肥，因為怕胖而吃很少，平常不晒太陽，外出擦防晒乳液，長期下來，維他命D當然不足。

　　其實，不只小朋友，我覺得任何年紀的人都應該好好關心自己的身體，把「一天一D」放在心上，每天好好補充維他命D，因為這是身體所需的營養，少了它就會百病叢生。當然，老人家、小朋友、孕婦和病人，這些身體比

較弱的人，更要補充足夠的維他命 D。不管是每天中午晒個十五分鐘太陽，還是透過口服補充維他命 D 都可以。但比較建議後者，因為口服補充才有機會把維他命 D 濃度拉到理想值。

如何檢測維他命 D 缺乏的程度

很多人可能不知道該如何檢測自己的維他命 D 缺乏程度，其實只要抽血檢查，就可以得知血中維他命 D 的濃度。除了來醫院找我看診時抽血檢驗，也可以到家醫科或健診中心檢查。

至於濃度多少算缺乏，請見下表：

血中維他命 D 濃度	缺乏程度
低於 10 ng/ml	維他命 D 嚴重缺乏
10 ～ 20 ng/ml	維他命 D 缺乏
20 ～ 30 ng/ml	維他命 D 不足
30 ng/ml 以上	維他命 D 充足

（註：在國外有很多不同定義維他命 D 濃度的方式）

■維他命 D 缺乏的症狀

缺乏維他命Ｄ的人，可能會出現下列症狀，如果你正好有這些問題，不妨檢驗一下自己血中的維他命Ｄ濃度，適當補充一下。

- **肌肉疼痛**：肌肉特別容易痠痛或抽痛，關節也容易感到僵硬。
- **肌肉無力**：突然莫名其妙地感到肌肉無力，無法解釋原因。
- **心情憂鬱**：容易倦怠，情緒易轉變成焦慮或抑鬱，睡再多都覺得睡不飽。
- **滿頭大汗**：容易高血壓，頭部容易流汗。
- **腸道功能不好**：腸道功能不好就會影響營養的吸收，自然也會影響到維他命Ｄ的吸收。
- **肥胖**：由於脂溶性的維他命Ｄ很容易就囤積在脂肪中，不容易被人體使用，所以，一旦肥胖，血液中的維他命Ｄ濃度就會稀釋掉。

你的孩子缺 D 了嗎？這些症狀要小心

維他命 D 對鈣磷代謝、牙齒與骨骼的生長發育很重要，小朋友如果缺乏維他命 D，就會影響正常發育。以下我從頭到腳列出可能導致的問題：

- 可能引起全身鈣磷代謝失常，容易滿頭大汗，老愛哭鬧，這無關天氣，也因為流汗關係，小孩子往往不好入眠，容易出現脫髮或枕禿的症狀。牙齒會比較慢長出來，也容易排列不均勻。
- 胸部可能會有肋緣外翻、雞胸等畸形現象。
- 容易出現 O 型腿、X 型腿等問題。

補充維他命 D 的
三大方法與兩大原則

很多病人或粉絲常問我關於維他命 D 的問題，在此整
理出補充維他命 D 的三大方法與兩大原則，讓大家一目瞭
然，從此對維他命 D 更有概念。

三大方法

■ 1. 晒太陽

想要獲得維他命 D，晒太陽是最天然原始的辦法。只
要陽光中的紫外線照射人體皮膚，我們的皮膚就會自行合
成維他命 D。但是，現在因為環境有許多限制，包括高樓
林立、霧霾、防晒、室內上班等問題，導致我們每天自行
合成的維他命 D 往往達不到身體需要的量。而且，絕大多

數人到戶外活動晒太陽的時間太短，根本不足以合成所需的維他命D。

■ 2. 從食物中攝取

食物中的維他命D_3主要來自葷食，其中深海魚、動物內臟、奶及蛋黃中含量較多，素食裡面幾乎不含維他命D_3。

也許有人會想知道，應該飯前還是飯後吃維他命D？因為維他命D是脂溶性的，所以建議飯後吃，至於三餐中哪一餐吃，則沒有太大的差別。

■ 3. 服用維他命D補充品

因為種種條件，既無法透過陽光自行合成，也無法透過食物攝取滿足人體所需的維他命D含量時，就需要額外補充維他命D來達到醫生建議的攝取量。

至於如何選購市面上的維他命D產品，我在本書〈維他命D選購大有學問〉中另有說明。

兩大原則

■ 1.不能沒有鈣

維他命D會在身體裡面調節鈣磷平衡，所以在補充維他命D的時候，不能忘記補充鈣質。成人每日鈣質建議攝取量為1000毫克，要注意的是，不要補充過多（因為一般食物中都含有鈣，所以如果不是骨質疏鬆很嚴重的人，不用特地補鈣，吃維他命D就好）。

■ 2.每個人都需要維他命D

當你讀過本書前面的章節，想必已經十分清楚，不論男女老幼、健康或生病，所有人都需要維他命D，就連洗腎病人也不例外，所以，一定要替自己、也替身邊的家人補足維他命D，不要當成口號說說就算了。

只補充維他命D就好了嗎？

很多人都會問我：「江醫師，我只要吃維他命D就好，是不是就可以讓我的身體健康，也不會有晒太多太

陽的問題？」我只能說，大自然真的很有趣，從嘴巴吃進去的維他命Ｄ，和從太陽那裡得到的維他命Ｄ還是有點不同。

哈立克博士就發現，從陽光那裡得到的維他命Ｄ，和從食物、營養品攝取的維他命Ｄ相較之下，前者停留在體內的時間更長。因為陽光合成的不單只有維他命Ｄ而已，還有其他相關物質（亦即維他命Ｄ感光異構物），這些都還在研究中。而且，晒太陽會讓我們的身體分泌腦內啡，這是一種快樂荷爾蒙，使我們心情愉悅，透過食物和營養補充品就很難做到這一點。

但是，不論是從食物、陽光還是營養補充品攝取維他命Ｄ，我要強調三件事：

1. 有空還是要晒晒太陽，畢竟這是上天給我們的「免費營養素」，也是生命的三要素之一。

2. 每天都要補充足夠的維他命Ｄ，讓體內的維他命Ｄ充足（搭配陽光更好），維持健康的身體。

3. 維他命Ｄ不是救命藥，不要把維他命Ｄ當成治療的藥物，而是你我維持身體健康必須攝取的營養素。

每天應該攝取多少
維他命 D ？

　　我平常在臉書上、看診時都一再強調，每個人都需要攝取維他命 D。很多人就會問我：「那每天應該吃多少維他命 D 才夠？」在這我鄭重的回答，重點在於體內的血液維他命 D 濃度，而不是服用劑量多少。

　　雖然現在臺灣還買不到高劑量的維他命 D，但我們很容易透過各種管道向國外購買。我希望大家在購買之前，先建立正確觀念。大部分人只想知道應該選用哪種維他命 D、劑量多少，但我必須說明，大家最需要意識到的重點是，每個人對劑量的反應可能存在巨大差異，說不定小明只要吃這個劑量就夠了，但小英就不夠，因為重要的是你體內的維他命 D 濃度有沒有達到標準，所以不是吃多少的問題，而是吃多少劑量才能讓血液中的維他命 D 濃度達到

標準。

　　每個人從出生就可以開始服用維他命Ｄ，如果不想透過口服的方式攝取維他命Ｄ，也可以用晒太陽的方式，但如同我在第一章說的，很難達到標準。如果你固定補充6～8週後，就可以去測濃度，再根據血中維他命Ｄ濃度來調整你服用的劑量，等濃度穩定後，一般每年冬天測一次就好。

　　萬一你經過檢測得知嚴重缺乏維他命Ｄ，我會建議你先與醫師討論，看可不可以在幾個星期內提高你的維他命Ｄ每日攝取量，在短時間內拉高血中維他命Ｄ濃度，直到濃度已經趨近正常，才回到正常的服用量。

　　此外，不管你是服用D_2還是D_3都一樣有效，你不用擔心維他命Ｄ會和什麼食物或藥物相互作用，基本上很少。你可以和任何食物一起吃，也不用特別搭配高脂類的食物，雖然有些研究認為維他命Ｄ需搭配高脂食物服用，但我覺得沒那個必要，正常服用就好（除非你都不吃油的食物……）。

每日攝取量的建議

以下我列出一些機構針對每日攝取量的建議,讓大家參考(真的是參考就好)。

根據衛生署「國人膳食營養素參考攝取量」,建議不同年齡層的人每日維他命D的攝取量,如下表所示(男女的攝取量均相同):

年齡層	每日攝取量
嬰兒	
0 月～	400 IU
3 月～	400 IU
6 月～	400 IU
9 月～	400 IU
兒童	
1 歲～	200 IU
4 歲～	200 IU
7 歲～	200 IU
10 歲～	200 IU
青少年	
13 歲～	200 IU
16 歲～	200 IU

成年與老年	
19 歲～	200 IU
31 歲～	200 IU
51 歲～	400 IU
71 歲～	400 IU
特殊狀況	
懷孕	200 IU
哺乳	200 IU

但是，如果想要達到減少疾病的目標，或是讓血中維他命Ｄ濃度達到適當的標準，我根據哈立克博士的研究，將我們人體所需的每日攝取量整理成下表：

年齡	每日攝取量
0 ～ 1 歲	每日 400 ～ 1000 IU（安全範圍 2000 IU）
1 ～ 12 歲	每日 1000 ～ 2000 IU（安全範圍 5000 IU）
13 歲以上	每日 1500 ～ 3000 IU（安全範圍 10000 IU）
孕婦	每日 1400 ～ 2000 IU（安全範圍 10000 IU）
哺乳婦女	每日 2000 ～ 4000 IU（安全範圍 10000 IU）

下表是美國國家醫學院2010年建議的攝取量，但許多專家學者還是批評這個數量太過保守，僅供大家參考。

年齡層	建議每日攝取量
1〜70 歲	600 IU
71 歲或以上	800 IU

看了這麼多補充劑量的建議，你可能會更疑惑：「那我到底該依照哪種建議來補充維他命D呢？」我以自身經驗為例，建議維他命D補充量如下：

- 一般成人：以我自己為例，我每天補充1000〜2000 IU的維他命D。
- 癌症或自體免疫病人：我建議2000 IU以上。

其實，認真說起來，對於每天到底要攝取多少維他命D，現在並無標準，各醫學機構和醫生都有不同的建議，大家只對一件事意見一致，那就是每天都應該攝取維他命D。就連美國國家醫學院，都在不斷調整每日建議攝取量，從每日200 IU一直往上加碼。除了針對一般人建議

的攝取量之外，如果想要進一步達到防治疾病的效果，那麼，很多人每天必須攝取2000 IU以上，才能對慢性病有所幫助。

我個人認為，重點不在於攝取量多寡，而是血中維他命D濃度是否達標。所以，不論你每天攝取多少維他命D，別忘了定期檢驗血中濃度，做為調整平日補充量的依據。

關於血中維他命 D 濃度

國外研究發現，每攝取 100 IU 的維他命 D，平均可以讓血液中的 25（OH）維他命 D 增加 1 ng/ml。

哪些食物富含
維他命 D？

　　維他命 D 的攝取很簡單，可以透過兩種方式獲得：第一種是每天中午晒太陽十五分鐘左右，即可自然合成，這種方法約可獲得 80～90％的維他命 D；第二種是靠食物攝取，約可得到 10～20％的維他命 D（以上是針對用維他命 D 保骨本的標準而言）。

　　而食物又分動物性及植物性，像沙丁魚、鮭魚、乳酪、蛋黃等等，就是富含維他命 D_3 的動物性食品，至於大豆、菇類、五穀類等植物性食品，可提供人體維他命 D_2。不過，兩者相較之下，動物性食品的維他命 D_3 又比植物性食品的維他命 D_2 好一些。

　　其實，最常見的就是魚類，尤其是鮭魚。但我想，如果要一個人一天到晚吃那麼多鮭魚，可能會覺得噁心、想

吐吧！其他像是牛奶、植物、藻類，都含有少量的維他命
D。

　　所以，如果你要從食物中攝取維他命 D 的話，可以多
吃點魚類、藻類，多喝點牛奶。但人體腸道對維他命 D 的
吸收並不佳，光靠食物補充維他命 D，應該不太夠，不然
就要吃很多，你應該不會想要這樣做……。所以，若想要
補充到理想的維他命 D 濃度，還是建議去藥房買一些高單
位的維他命 D 專門補充劑比較實在。

　　以下列出各種食物的維他命含量：

食物 100 克	維他命 D 含量（IU）
黑木耳	1968
鮭魚	880
秋刀魚	760
乾香菇（須經過日晒）	672
吳郭魚	440
鴨肉	124
鮮香菇	84
雞蛋	64
豬肝	52
豬肉	4

小朋友需要補充
維他命 D 嗎？

　　維他命 D 對於孩子的生長發育非常重要，它可以和副甲狀腺合作，讓血液中的鈣和磷維持正常水準，還能幫助骨骼發育與成長，有助於神經傳導功能、肌肉及體內所有細胞的功能。

　　此外，人體的免疫功能是在出生之後才開始發育成熟，所以，如果孩子缺乏維他命 D，免疫力就會受到影響，比較容易受到病毒感染，比方說，只要一流行感冒和腸病毒，就容易中標。而且，免疫力也和過敏有關，臺灣愈來愈多小孩一出生就有過敏的問題，其實更應該補充維他命 D，讓維他命 D 調節孩子的免疫功能，不然小孩過敏很痛苦，父母和醫生看著也心疼。

　　我在前文已經整理不同機構與專家建議的每日攝取

量，其中嬰幼兒大約落在每日 400～1000 IU 之間，除了這些資料，臺灣兒科醫學會 2016 年建議，純吃母乳或部分母乳的嬰兒，到了四個月大開始添加副食品的時候，就可以讓孩子每天攝取 400 IU 的維他命 D。主要是因為母乳的維他命 D 含量較低，而嬰兒處於快速生長發育期，對維他命 D 的需求更大，所以，在滿四個月之前，別忘了常帶孩子出門晒晒太陽。

江醫師問診室

病患：寶寶吃魚肝油好，還是單方的維他命 D 好？

江醫師：一般來說，魚肝油含有維他命 A 和維他命 D，而嬰兒食用的魚肝油中通常含 400 單位的維他命 D 和 1300 單位左右的維他命 A。其實，媽媽只要平常飲食注意營養，餵母乳時就能提供寶寶充足的維他命 A；只是母乳所含的維他命 D 太少，所以吃母乳的寶寶可再補充少量魚肝油與適量維他命 D。至於吃奶粉的寶寶，通常奶粉中已加入各種營養，包括維他命 A 和維他命 D，只是通常加入的維他命 D 不夠，所以要再補充。

慢性病人更需要補充維他命 D

罹患某些疾病的人特別容易缺乏維他命 D，譬如肝臟、腎臟疾病、發炎性腸道疾病、油脂吸收不良、乳糖不耐等病。由於身體發炎或肝臟、腎臟疾病，導致身體無法製造活性維他命 D。愈來愈多研究數據顯示，維他命 D 愈充足的人，愈不容易罹患某些疾病，例如骨質疏鬆症、心血管疾病、癌症、漸進性骨關節炎、多發性硬化症、高血壓等病，顯然在預防疾病的戰場上，維他命 D 是關鍵的小尖兵。

從第一章讀到這裡，我想，你們都很清楚維他命 D 有調節免疫力、抗發炎、抑制血管新生這些作用，所以對各種慢性病、癌症都有幫助。臺灣有許多人飽受慢性病、糖尿病與高血壓之苦，如今許多研究已證明，補充維他命 D

有助於血糖及血壓的控制。而且，維他命 D 可以抗發炎，有機會改善癌症患者的惡體質。

維他命 D 可以改善癌症的惡體質

很多人問我，他的親人已經得到癌症了，現在還需要吃維他命 D 嗎？我在此以自己的病人為例，回答這個問題。我記得有位婦人帶著一位阿公回診，阿公是原住民，只會講自己的族語，那婦人是他的女兒。而阿公是胃癌第三期患者，已經開完刀三年了。但是，因為他已經 90 歲，所以開刀後沒有積極的接受化學治療。儘管如此，他體力還是很好，也很樂觀，每次在診間都可以聽到他宏亮的聲音，雖然我都聽不懂他在說什麼。

病情追蹤的過程一直進行得很順利，但半年前阿公開始吃不太下，精神也變差。我看過電腦斷層和正子攝影的結果之後，懷疑腹部有腫瘤復發，而且是瀰漫性的。由於以前阿公的身體狀況很好，我和家屬討論後（其實也沒什麼討論，因為他們說一切都聽我的），我給他很輕微的口服化療藥，然後千交代、萬交代，一定要按照我的囑咐補

充維他命Ｄ（之前阿公獨自住山上，吃藥都有一天沒一天的）。

就這樣過了半年，阿公精神變好了，食欲也不差，我用電腦斷層追蹤腫瘤的情況，雖然沒有消失，但也沒有變大，我終於再度聽到他宏亮的聲音，當然我還是聽不懂⋯⋯。

癌症患者常常會合併惡體質，讓病人精神不濟、食欲變差，維他命Ｄ有機會改善癌症的惡體質，改善病人的生活品質。

當然這只是個案，也許是口服化療藥幫了他，也許是他自己心胸開朗⋯⋯但我還是建議癌症患者或慢性病患者都更應該補充維他命Ｄ，讓身體保持在最好的狀態下，自然有更好的本錢對抗疾病。

近幾年很多研究與報導皆指出，每天補充足夠的維他命Ｄ，可降低癌症的發生機率。我個人也花了近一年的時間進行老鼠膽道癌實驗，證明口服補充維他命Ｄ可有效預防癌症，並抑制癌細胞的生長。而且，在這個動物實驗中，口服補充維他命Ｄ不會引起明顯的副作用。我當時的實驗結果也顯示，血中維他命Ｄ的濃度與癌症發生率成反

比；此外，血中維他命 D 濃度與糖尿病人血糖、血壓有關
聯，期許未來更多的研究能夠提出更正確的補充量。

懷孕婦女與哺乳婦女
該如何補充？

　　很多人一聽到懷孕，往往就會聯想到要補充葉酸，可是，婦產科林思宏醫師就曾在他的臉書提醒大家：「事實上台灣孕婦缺葉酸的比例僅僅3％，許多台灣女孩子都非常注重防晒，懷孕又不愛運動，缺維他命 D的比例是98％。」你看這數據多誇張，所以大家不要再忽視維他命D了。

　　根據臺灣婦產科醫學會會訊，美國婦產科醫學會曾於2011年建議，孕婦血中的維他命D濃度應該至少要達到20 ng/mL以上，這樣才足以供應孕婦與胎兒所需的營養。所以，不論是正在懷孕，還是剛生完小孩，正在哺乳中，都應該每天服用至少600 IU的維他命D。有些婦女可能會服用孕前維他命來補充營養，通常這種維他命補充劑裡

面大概含有400 IU的維他命D，可以再額外補充不足的維他命D。可是，如果孕婦原本就缺乏維他命D，最好與主治醫師討論，看看可不可以把每日服用量提高到1000～2000 IU。

維他命D對嬰幼兒發育的影響

曾有兒科醫師發現，懷孕婦女補充維他命D，可以讓胚胎從母體得到所需要的維他命D，寶寶出生後，自然就很少出現缺乏維他命D的問題。但媽媽如果缺乏維他命D，不僅本身罹患子癇前症、妊娠糖尿病、產後憂鬱症等病的機率會提高，而且，寶寶也容易出現缺乏維他命D的症狀，例如前面提過的O形腿、鈣磷代謝失常、脫髮、容易感冒、過敏等等。維他命D不足也會提高剖腹產的機率，不容易自然產。

我在前面章節也提過許多研究結果，顯示維他命D對於人體免疫系統及神經系統的調節都有重大影響，因為維他命D可以動員體內的白血球細胞來對抗病毒。平常替小孩適度補充維他命D，你就會發現，小孩比較不容易感

冒，就算感冒了，比較容易快點痊癒。

此外，《西澳日報》2014年曾報導，特里松兒童研究所（Telethon Kids Institute）、查爾斯蓋爾德納爵士醫院（Sir Charles Gairdner Hospital）與西澳大學合作進行一項研究，分析了900名孕婦懷孕初期的血中維他命Ｄ濃度，結果發現，孕婦血中維他命Ｄ濃度低與小孩的語言發育有關，而且還會影響小孩的大腦、骨骼與肺部的發育。此外，數據顯示，如果孕婦在懷孕18週時血中維他命Ｄ濃度太低，小孩出生後，五至十歲大時會有更高的機率出現語言發育障礙；若生的是女兒，青春期發生飲食失調的機率也會提高；有些小孩在成年初期還可能出現類似自閉症的症狀。

其實不只澳洲，愈來愈多國家的專家學者注意到維他命Ｄ對嬰幼兒發育的影響，因此，我一再強調不只一般人平常要補充維他命Ｄ，孕婦更要注意，這已經不只是「一人吃兩人補」的問題了，而是會影響小孩未來各方面的發育。

懷孕婦女與哺乳婦女該如何補充？

鈣與維他命 D 的最佳補充法

　　衛福部國民健康署曾在2013～2015年檢測50歲以上民眾的骨質密度，根據慢性疾病防治組2016年發表的報告：「結果有骨質疏鬆症的民眾佔了12.3％，其中男性為8.6％，女性為15.5％，且隨著年齡增加而增加，並在65歲開始驟增。且女性的百分比至少高出男性一倍以上，這樣的差異主要是女性經歷了荷爾蒙變化。世界骨質疏鬆基金會（IOF）更進一步指出50歲以上的人群中，多達三分之一的女性和五分之一的男性會因為骨質疏鬆的問題而易導致骨折。」

　　有時身體除了骨質疏鬆，還會連帶有其他疾病，因為鈣離子有許多功能，除了製造健康的骨骼與牙齒之外，還可以減緩骨質流失，避免骨折，讓肌肉正常收縮；並控制

心律，降低心血管疾病的風險；鈣也可以減緩焦躁，鎮定心神，防止失眠。此外，舉凡血管的擴張收縮、荷爾蒙及酵素的分泌、神經傳導物質在細胞之間傳遞訊息等等，也是鈣的功能。絕大多數的鈣都儲存在骨骼中，只有1％以下的鈣分布在身體的組織細胞與血液中，這1％的鈣不能多也不能少，一定要維持這樣的濃度，否則身體組織細胞與器官的運作就會失常，危及生命。

絕大多數人以為補充鈣就可以解決骨質疏鬆的問題，其實光是補充鈣根本無濟於事，必須同時補充維他命D才有用。因為即使我們吃進富含鈣質的食物，還是要透過維他命D，身體才能吸收鈣質，維他命D還可以幫助身體阻止鈣質的流失。最常罹患骨質疏鬆症的族群是停經後的婦女和老年人，更是缺一不可，平時一定要同時補充鈣質與維他命D，才有助於緩解病情（因為很多食物中有鈣，所以除非骨鬆嚴重，一般不用特別補鈣）。

根據衛福部的建議，不同年齡層每日鈣的攝取量如下表所示：

年齡層	每日鈣的攝取量
3 ～ 9 歲	300 ～ 800 mg
10 ～ 18 歲	1,000 ～ 1,200 mg
19 歲以上	1,000 mg

我想說的是，不管你現在身上的病和維他命D有沒有關係，都應該補充維他命D。就算你不相信維他命D有這麼多功效，至少不能否認維他命D對骨頭的助益。我們人體的骨質密度到40歲左右就開始下降了，特別是停經後的婦女，下降的速度更快。老人家因為骨鬆造成骨折而死亡的機率比很多癌症的死亡率還高，因為老人家骨折後會在床上躺很久，引發很多併發症。

記得之前有一位阿嬤，她走路時腳一拐就嚴重骨折，檢測骨質密度之後，發現她有嚴重的骨質疏鬆症。開完刀之後，她臥床三個多月，心肺功能嚴重下滑，腳也沒有力量。雖然她的家人很孝順，盡心盡力的照顧她，但躺久了，她的背上還是生了褥瘡。最後阿嬤就因為傷口感染而不幸過世，家屬非常自責，覺得他們沒有照顧好老人家。

阿嬤的遭遇提醒我們，為了避免事後懊悔，平日就該好好照顧自己與家人的身體，每天適度補充維他命D，因

為維他命Ｄ除了可以保護骨骼，還可以增加肌肉的力量，讓老人家骨折的機率大大降低。

健康研究室：骨質疏鬆症

骨質疏鬆症是一種無聲無痛的慢性疾病，也是人體老化的過程。你在海灘上看過死掉的白化珊瑚殘枝嗎？上面一個洞、一個洞的，骨質疏鬆就類似那樣。

我們體內參與骨頭的密度主要有兩種細胞：噬骨細胞和造骨細胞，噬骨細胞會破壞骨骼，把骨骼儲存的鈣質釋放到血液中，這樣我們身體的其他組織細胞與器官才有鈣可以使用；造骨細胞則不斷生成新的骨質，骨質密度高，我們的骨骼自然就會比較健康。

當我們年滿35歲之後，鈣質就會漸漸流失，到了50歲，造骨細胞因為老化而衰退，趕不上噬骨細胞破壞的速度，骨質流失的速度會再加倍。就像是原本地基穩定的積木，卻隨著時間而開始一塊一塊消失不見，當地基開始無法穩固的支撐時，就變得容易倒塌、撞斷。

維他命 D 幫助
身體吸收鈣

　　那鈣和維他命D之間的關係又是怎麼回事？一般來說，當我們把含有鈣的食物吃進肚子裡，身體沒辦法立刻吸收、利用鈣，必須透過一種轉換的過程：首先，我們晒太陽，紫外線照射到皮膚，自然合成非活性的維他命D，然後送到肝臟和腎臟，轉換成活性維他命D，這種D可以刺激腸胃細胞，分泌出一種蛋白質，和鈣結合，有助於我們的腸胃吸收鈣（事實上，維他命D怎麼促進鈣吸收，有點複雜，這只是其中一個）。

　　對於我們體內的鈣質含量，維他命D具有開源節流的作用：一方面讓鈣離子從腎臟回收，盡量避免鈣流失太多，一方面促進小腸吸收鈣。因此當體內的鈣不足時，若有維他命D，就可以從食物中攝取到足夠的鈣質。

　　可是，若體內鈣質不足，又沒能補充足夠的鈣質，維他命D則會從骨骼中釋放出鈣質，藉以保持血鈣平衡。可想而知，人體若少了維他命D的存在，就會因為鈣質的吸收不良與不足，間接影響骨骼的塑造，讓骨頭無法替換增生。

　　維他命D與鈣合併使用時會產生不同的機轉，所以在服用維他命D和鈣時，要注意服用量，因為高鈣若與維他命D相互作用，可能會導致心血管鈣化，造成中風、血栓，甚至心肌梗塞等風險。

　　所以，有維他命D的存在，才有足夠的鈣轉移到我們的骨頭中。但一昧的補充維他命D，並不能保證骨頭的強健。想要保持健康的骨骼，鈣質與維他命D都很重要。

健康研究室：身體的血鈣

　　我們在檢測時，鈣的正常值為8.4～10.6mg／dl，一旦血清鈣離子濃度超過10.6 mg／dl，就是高血鈣。身體的血鈣過高或過低都不好，血鈣濃度太高會造成肌肉無力、心跳過慢，嚴重的話甚至會昏迷、心跳停止；而血鈣過低，則會讓我們手腳抽筋、痙攣、心律不整等等。

維他命 D 選購
大有學問

維他命 D 的好處多多，目前知道的有：

1. 減緩腦部老化，穩定神經，有助於改善失眠、失智。

2. 有助於增產報國，女性缺乏維他命 D，就會降低懷孕率與著床率（尤其是試管嬰兒）；而男性缺乏維他命 D，則會影響精蟲數與功能。

3. 可以改善胰島素阻抗的問題，提高胰島素的效用，對糖尿病、多囊性卵巢症候群及肥胖等病情有一定的改善作用。

4. 幫助抗癌與癌症治療，減少化療的副作用。

（族繁不及備載）

維他命Ｄ到達多少才會危害健康

血中維他命Ｄ濃度超過多少才會造成高血鈣，目前並不確定。但如前所述，根據哈立克博士2017年的研究，血中維他命Ｄ濃度到300 ng/ml，仍然沒有引起高血鈣，所以只要不「刻意」的補充極高單位，一般不會有中毒的問題。

維他命Ｄ選購大有學問

大家在選購市面上的維他命Ｄ產品時，可以參考以下注意事項：

■ 看成分劑量

一般大眾每天服用800到2000 IU單位的維他命Ｄ就可以了。

■ 購買合格產品

最好選購「USP」、「GMP」藥廠出品或有認證標示

的產品，而且要注意產品上有標示客服電話，讓消費者可以得到專業諮詢服務的產品，才是最有保障的。

■ 判斷活性與非活性維他命D

前面我提到許多關於活性與非活性維他命D的常識，那麼，如何判斷你買到的是活性維他命D，還是非活性維他命D呢？你只要看包裝上標示的單位，就可以一目瞭然：

◦ 非活性維他命D的單位是ug或是IU。
◦ 活性維他命D的單位是ug（活性不會用IU表示）。

另外，如果成分上只寫ug的話，就需要看量：
◦ 通常活性維他命D大多是0.5或0.25 ug。
◦ 非活性維他命D都是10 ug起跳（1 ug = 40 IU）。

哪些藥物可能影響維他命D的吸收？

目前還沒有發現維他命D與其他藥物有特別的交互作用，但是有一些藥物會干擾或降低維他命D的濃度：

1. 類固醇藥物可能會造成鈣質流失與維他命 D 的代謝。

2. 維他命 D 屬於脂溶性維他命，所以減肥藥「Orlistat」與降低膽固醇的藥物「消膽胺」（Cholestyramine）會影響維他命 D 的吸收。

3. 有些抗癲癇發作的藥物會促進維他命 D 在肝臟的代謝，並造成鈣質流失。

Q&A 請問江醫師

Q1：之前不知道維他命D有分活性和非活性，但我不小心買到活性維他命，這可以當保養吃嗎？

A：什麼人要補充活性維他命D？那就是洗腎病人，因為他們腎臟已無法把25（OH）D轉成1,25（OH）D。洗腎病人要同時補充活性和非活性維他命D，補充活性是為了血中鈣濃度，補充非活性則是為了增加細胞中的1,25（OH）D濃度，讓維他命D保護身體。所以，一般人補充買維他命D，請買非活性的維他命D，不要買活性的。如果你補充活性維他命D，會讓血中1,25（OH）D上升，一不小心就會產生高血鈣的問題。

Q2：親人攝護腺癌復發，轉成第四期，以及家人淋巴癌自體移植已三年，目前在追蹤中。請問他們吃維他命D可以加減抗癌嗎？還是他們也要去測血中濃度，再決定吃多少單位？

A：「維他命D可加減抗癌」，這句話有點語病，維他命D本身可以抗癌，又可以輔助化療藥物抗癌。因此，通常我會建議癌症患者補充2000 IU以上，但一定要監測血中維他命D濃度。

Q3：目前我在接受乳癌（三陽性）治療，檢查骨質密度是-2.7，我同時在服用甲狀腺亢進的藥，請問我該怎麼補充鈣及維他命D？

A：先從每天補充維他命D 2000 IU開始，持續6～8週之後，再來測血中維他命D濃度。至於要吃到什麼程度，我對每種病的要求不一樣。另外，若骨鬆嚴重，可以同時補充鈣片。

Q4：維他命D是荷爾蒙，那如果罹患一些婦女相關的癌症（如乳癌、子宮內膜癌）和疾病（如子官肌瘤），能補充維他命D嗎？

A：可以，維他命D是荷爾蒙，但不是女性荷爾蒙，事實上，維他命D的補充對一些婦女癌症和疾病更有效。

Q5：我的身體有乾燥症，而且長時間睡眠時骨頭跟筋膜都會痛醒，維他命D有抗發炎作用，不知是否也有助益，我該補充多少呢？

A：維他命D有調控發炎和改善慢性疼痛的作用，建議一日補充1000～2000 IU，視症狀再調整。

Q6：請問兒童罹患神經母細胞瘤，適合補充維他命D嗎？可以的話，要補多少單位？罹患癌症的兒童該如何補充？

A：建議從每天補充維他命D 2000 IU開始，並且檢測血中維他命D濃度，再做調整，但正規治療絕對不可以停止。

Q7：你會建議兒童補充多少維他命D？

A：國外有人建議，一歲內的小孩補充400～1000 IU，超過一歲的小孩補充600～1000 IU。

Q8：寶寶0～1歲可以吃高單位的維他命D嗎？那早產兒呢？

A：寶寶基本上每天補充400～1000 IU，就可以滿足骨骼與健康的需求，目前尚未有研究瞭解早產兒要補充多少維他命D，我建議早產兒也補充400～1000 IU就好。

Q9：有些維他命D的瓶身都標示鈣＋維他命D，請問這樣是可以吃的嗎？還是一定要吃單純的維他命D呢？

A：我建議吃單方，臺灣人普遍偏愛複方的維他命，而不愛單方維他命。但補充營養素，還是得視個人需求而定，一般

食物中就含有鈣了，只要維他命D濃度提高了，鈣吸收自然就好了，不一定要特別補充鈣。

Q10：很多人都說維他命D是脂溶性，吃多了會中毒，真的嗎？

A：不會，放心，除非你故意要中毒，一口氣吃超多（一天可能要4萬單位以上，連吃半年才有機會）。另外，維他命D被代謝後就變水溶性，所以要中毒真的很難。萬一真中毒了，你會脫水，記得快來找我，因為這種情況實在太少見了，我想寫成案例報告。

Q11：肝不好，腎不好，可以吃維他命D嗎？

A：可以，反而更要吃，維他命D可以抗發炎，降低肝硬化發生的機率。另外，腎不好的人補充維他命D，可以避免副甲狀腺增生的問題。

Q12：請問肝癌患者適合補充高劑量的維他命D嗎？

A：可以，更需要補充維他命D。

Q13：父親曾捐腎，目前只有一個腎臟，之前有高血壓，已接受藥物治療，血壓控制在120～130。主治醫師說他只有一個腎臟，藥物不要吃太多，所以暫時停藥觀察。目前不知父親是否適合吃高單位維他命2000 IU？

A：可以吃。

Q14：維他命D的副作用有高血鈣和頻尿，對身體會有什麼影響，還要繼續吃嗎？有什麼改善的方法？

A：真的維他命D中毒，才會出現高血鈣、頻尿、脫水等症狀，但真的很難很難。

Q15：維他命D跟活性維他命D是一樣的嗎？藥局的藥師說維他命D是魚油耶！所以，魚油的D跟江醫師說的D一樣嗎？還是江醫師說的是活性維他命D呢？

A：我請大家補充的是非活性維他命D，和魚油一點關係也沒有。

Q16：我家人目前是直腸癌三期，已切除腫瘤，化療12次，

我買了一款魚油加 D，想要給家人化療期間吃。可是我在網路上查到有人做過研究，說魚油 omega3 的成分可能會影響化療鉑類藥物的效果。請問，注射化療藥那兩、三天可以吃嗎？還是要避開？

A：魚油不會影響化療藥物，不要害怕，維他命 D 也不會，反而可能加強藥效和改善副作用。

Q17：如果有人罹患免疫疾病，而且已經在服藥，還可以吃維他命 D 嗎？

A：可以，維他命 D 可以調節過強的免疫力，免疫力低下的人如果感染了，維他命 D 可以幫助他們的免疫系統殺菌。

Q18：正在做免疫治療的癌症患者可以補充維他命 D 嗎？

A：癌症患者若正在做免疫治療，請先停止補充維他命 D，要先找醫師（或是來找我）討論治療的細節。

Q19：維他命 D 什麼時候吃？早中晚？飯前？飯後？

A：飯後服用，不一定要哪一餐，但要有點油脂。

Q20：每年做大腸鏡，總是會發現長了瘜肉，這樣可以吃維他命 D 嗎？

A：可以，有報導顯示維他命 D 能降低大腸瘜肉的發生率。

Q21：只補充維他命 D，沒有補充鈣會有影響嗎？

A：不會，食物中就有鈣了，除非你骨鬆，要不然不需特別補充鈣。

Q22：高溫對維他命 D 會有影響嗎？

A：維他命 D 在攝氏 149 度都是穩定的，除非你把含有維他命 D 的食物（譬如香菇、魚等）拿去油炸，才比較會有影響。

Q23：如果血液中的維他命 D 濃度維持在合格範圍，是否就可以預防癌症的發生？

A：應該說「減少」比較合適，許多研究認為可以減少癌症與慢性病的發生，但無法保證你不會得癌症（畢竟癌症發生的原因很多）。

Q24：如果有甲狀腺的疾病，而且血中維他命Ｄ也不足，但血鈣指數偏高，是否不能服用維他命Ｄ？

A：可以補充，但你可能也有副甲狀腺功能過高的問題，才會出現高血鈣的症狀，要先處理。

Q25：聽說，孕婦體內維他命Ｄ過多，會影響胎兒頭部發育？

A：我不知道你指的「多」是多少，但我們現在更清楚的是，如果孕婦缺乏維他命Ｄ，反而會影響胎兒發育。

Care 0033

一天一 D：維他命 D 幫你顧健康

作　　者——江坤俊
照片提供——江坤俊
照片攝影——郭嘉中
主　　編——沈維君
責任企畫——廖婉婷、金多誠
封面暨內頁設計——文皇工作室
內頁排版——極翔企業有限公司

總 編 輯——曾文娟
董 事 長——趙政岷
出 版 者——時報文化出版企業股份有限公司
　　　　　108019臺北市和平西路3段240號3樓
　　　　　發行專線—（02）2306-6842
　　　　　讀者服務專線—0800-231-705・（02）2304-7103
　　　　　讀者服務傳真—（02）2304-6858
　　　　　郵撥—19344724時報文化出版公司
　　　　　信箱—10899臺北華江橋郵局第99信箱
時報悅讀網—http://www.readingtimes.com.tw
時報出版愛讀者—http://www.facebook.com/readingtimes.fans
法律顧問——理律法律事務所　陳長文律師、李念祖律師
印　　刷——勁達印刷有限公司
初版一刷——2018年1月26日
初版二十五刷——2022年9月22日
定　　價——新臺幣280元
（缺頁或破損的書，請寄回更換）

時報文化出版公司成立於一九七五年，
一九九九年股票上櫃公開發行，二〇〇八年脫離中時集團非屬旺中，
以「尊重智慧與創意的文化事業」為信念。

一天一D：維他命D幫你顧健康 / 江坤俊著.
-- 初版. -- 臺北市：時報文化, 2018.01
面；　公分. --(Care ; 33)

ISBN　978-957-13-7300-3(平裝)

1.維生素　2.健康食品　3.營養

399.6　　　　　　　　　106025504

ISBN 978-957-13-7300-3
Printed in Taiwan